Zukunftsfähige Siedlungsökosysteme

Gunther Geller · Detlef Glücklich
Herausgeber

Zukunftsfähige Siedlungsökosysteme

Planen, Umsetzen und Betreiben
Ein Anwenderhandbuch

Springer Spektrum

Herausgeber

Gunther Geller
Ingenieurökologische Vereinigung IÖV
Augsburg, Deutschland

Detlef Glücklich †

Zuerst veröffentlicht durch: Ingenieurökologische Vereinigung IÖV, Postfach 102229, D-86150 Augsburg, Deutschland; www.ioev.de; info@ioev.de

ISBN 978-3-642-39705-9
DOI 10.1007/978-3-642-39706-6

ISBN 978-3-642-39706-6 (eBook)

Die Deutsche Nationalbibliothek verzeichnet diese Publikation in der Deutschen Nationalbibliografie; detaillierte bibliografische Daten sind im Internet über http://dnb.d-nb.de abrufbar.

Springer Spektrum

Planung und Lektorat: Merlet Behncke-Braunbeck, Stella Schmoll
Redaktion: Christine Hoffmeister
Logo auf der Titeleiseite: Magnus Angermeier, Eschelberg (Österreich)
(www.eschelberg.net/magnus-angermeier)

Gedruckt auf säurefreiem und chlorfrei gebleichtem Papier.

Springer Spektrum ist eine Marke von Springer DE. Springer DE ist Teil der Fachverlagsgruppe Springer Science+Business Media
www.springer-spektrum.de

Nachruf

Mitten in der Bearbeitung der deutschen Fassung dieses Anwenderhandbuchs hat uns Professor Dr.-Ing. Detlef Glücklich verlassen.

Sein Lebenswerk hatte er dem ökologischen Bauen verschrieben. Im Anschluss an das Bauingenieurstudium in Stuttgart und Darmstadt promovierte er auf dem Gebiet des konstruktiven Ingenieurbaus. Nach dem Studium war Detlef Glücklich zunächst für eine große Baufirma auf dem Gebiet der Planung, Konstruktion und Berechnung von Hoch- und Ingenieurbauten tätig. Bereits seit 1979 widmete er sich im Rahmen der Professur für Bautechnik an der Universität Hamburg und an der Technischen Universität Hamburg-Harburg grundlegenden Arbeiten zur Forschung und Entwicklung von gesamtökologischen Konzepten und erprobte diese in den von ihm so genannten „Umweltgebäuden". Für den Nachweis der Umweltverträglichkeit entwickelte er den Umweltpass für Gebäude. 1997 erhielt Professor Glücklich den Ruf der Stiftungsprofessur der Deutschen Bundesstiftung Umwelt (DBU) für Grundlagen des Ökologischen Bauens an die Bauhaus Universität Weimar. In Forschung und Lehre erarbeitete Glücklich die Grundlagen zu ökologischen Gesamtkonzepten und deren Umsetzung. Mit der DBU-Professur wurde Professor Glücklich auch zunehmend im Ausland tätig. 2003 erhielt er eine Gastprofessur in Japan an der Universität Kitakyushu. Bis zuletzt waren es insbesondere die internationalen Projekte in den Entwicklungs- und Schwellenländern mit ihren großen Herausforderungen an ökologisches Bauen, die ihn beschäftigten. Seine Konzepte konnten u.a in dem von BMFT und BMU geförderten Projekt der Neuplanung der Valley View University in Accra (Ghana) umgesetzt werden (von 2001 bis 2011) und finden sich bei der Konzeption und Planung von Siedlungsökosystemen in Indien und China wieder. Sein Gedankengut zum ökologischen Bauen prägt auch den von ihm initiierten berufsbegleitenden Fernstudiengang „Master Architektur und Umwelt" der Hochschule Wismar.

Wir verlieren mit ihm einen Vordenker des ökologischen ganzheitlichen Bauens, einen verlässlichen Partner, mit dem Projekte wie dieses Anwenderhandbuch immer ein harmonischer und spannender Entwicklungs- und Umsetzungsprozess waren und einen stets aufgeschlossenen Menschen, Es ist der Wunsch der Autoren, dass dieses Handbuch dazu beitragen möge, sein Vermächtnis weiterzugeben und in seinem Sinne hilfreich bei der zukunftsfähigen Gestaltung von Siedlungsökosystemen im ländlichen und städtischen Raum.

Gunther Geller

Danksagung

Die jahrzehntelangen Erfahrungen der beteiligten Partner im Bereich der Gestaltung von Ökosystemen konnten zehn Jahre lang konkret bei der ökologischen Entwicklung der größten privaten Universität Ghanas, der Valley View University (VVU), Accra, eingesetzt, vertieft und erweitert werden.

Möglich war dies im Rahmen von zwei Vorhaben, die von deutscher Seite gefördert wurden.

Beim ersten Projekt handelte es sich um ein Forschungs- und Entwicklungsvorhaben über ökologische Kreislaufwirtschaft, finanziert durch das Bundesministerium für Bildung und Forschung (BMBF). Das zweite Projekt war ein Investitionsvorhaben im Rahmen der Klimaschutzinitiative der Bundesregierung, gefördert durch das Bundesministerium für Umwelt, Naturschutz und Reaktorsicherheit (BMU), das der Entwicklung der VVU zur klimafreundlichen Universität diente.

Die ökologische Entwicklung der VVU wäre nicht möglich gewesen ohne die stete Unterstützung der VVU selbst, namentlich ihres Präsidenten Dr. Seth Laryea, sowie des Leiters der Universitätsbau-Abteilung, Emmanuel Kwandahor.

Gefördert vom:

Bundesministerium
für Bildung
und Forschung

Gefördert durch:

Bundesministerium
für Umwelt, Naturschutz
und Reaktorsicherheit

aufgrund eines Beschlusses
des Deutschen Bundestages

Inhaltsverzeichnis

1 Einleitung

Gunther Geller

1.1 Hintergrund

Die Menschheit hat heute einen unglaublichen Einfluss auf das planetare Ökosystem, z. B. auf Klimawandel und Biodiversität, um nur zwei Bereiche zu nennen. Die meisten der Ökosysteme auf unserem Planeten sind heute mehr oder weniger durch den Menschen beeinflusst – und das gilt besonders für die Ökosysteme, wo Menschen wohnen und arbeiten, also ländliche und städtische Siedlungen.

Deshalb ist es von großer Bedeutung, diese Systeme so zu gestalten, also zu planen, zu bauen und zu betreiben, dass sie wirklich nachhaltig funktionieren, d. h. auf Dauer in Harmonie mit dem planetaren Ökosystem und den menschlichen und nicht menschlichen Bewohnern sind.

Teile der menschlichen Ökosysteme wie Häuser, Brücken, Straßen, Abwasserrohre, Fabriken zu gestalten und zu betreiben, ist Standardaufgabe der zuständigen Ingenieure, Architekten und Manager. Ein gewisses Grundverständnis über Ökosysteme, insbesondere über natürliche, und auch teilweise über deren Gestaltung und Betrieb ist dazu vorhanden. Es herrscht jedoch ein ungenügendes Verständnis dafür, ländliche und städtische Siedlungen als menschliche Ökosysteme auf ganzheitliche Weise zu verstehen. Nahezu keine Erfahrung gibt es bisher, solche auf umfassend ganzheitliche und nachhaltige Weise zu gestalten und zu betreiben. Ganz besonders trifft dies für einen der drei grundlegenden Beziehungsformen in Ökosystemen, den Bereich der Information, zu und für dessen Bedeutung und Anwendung in ländlichen und städtischen Siedlungen. Einige Beispiele dafür sind Akzeptanz, Beteiligung, Beschlussfassung, Qualitätsmanagement, organisatorische Strukturen, der soziokulturelle Hintergrund und Training und Bildung.

Zum besseren Verständnis werden in diesem Anwender-Handbuch die allgemeinen Grundsätze erläutert, nach denen ländliche und städtische Siedlungsökosysteme funktionieren, einige ganzheitliche Konzepte vorgestellt und für Gestaltung,

Gunther Geller ✉
Ingenieurökologische Vereinigung IÖV, Augsburg, Deutschland
e-mail: info@ioev.de

G. Geller und D. Glücklich (Hrsg.), *Zukunftsfähige Siedlungsökosysteme*,
DOI 10.1007/978-3-642-39706-6_1, © Springer-Verlag Berlin Heidelberg 2014

Einrichtung und Betrieb dieser Ökosysteme einige Methoden, Verfahren und Werkzeuge bereitgestellt.

Die Erfahrungen, die hier genutzt werden, sind wesentlich durch die Anwendung und Erprobung in einem praktischen Beispiel gesammelt worden, nämlich bei der ökologischen Entwicklung der Valley View University (VVU), der größten privaten Universität in Ghana, und deren Campus.

Das allgemeine Vorgehen, wie es bei Ingenieurökologie und Qualitätsmanagement üblich ist, wird hier für die Gestaltung von Siedlungsökosystemen angewandt und angepasst. Das Vorgehen umfasst alle Schritte der Umsetzung, von den ersten Diskussionen bis schließlich zu Betrieb und Wartung. Im Einzelnen beginnt die Umsetzung mit den ersten Schritten der Diskussion in einer Vorphase, gefolgt von Bestandsaufnahme und ersten Konzepten, den darauf anschließenden Diskussionen für das Vorgehen und die vereinbarte Lösung. Die darauffolgenden Schritte sind dann Planung und Zustimmung bzw. Genehmigung, darauf die Ausschreibungen und Verträge dafür und danach Bau bzw. Umsetzung. Der letzte, jedoch sehr wichtige Schritt, ist dann der Betrieb und Unterhalt dieses Ökosystems.

In all diesen verschiedenen Stufen der Umsetzung sind immer verschiedene Beteiligte betroffen: in der Vorphase z. B. die Bürger und Vertreter der örtlichen Verwaltung, bei Betrieb und Wartung das Wartungspersonal. Jeder dieser Beteiligten hat andere Ansprüche und benötigt andere Werkzeuge, von denen einige in diesem Handbuch enthalten sind.

Die Informationen, Empfehlungen und Werkzeuge sind unter anderem für die nachfolgenden Zielgruppen gedacht:

- die örtlichen Behörden bzw. die örtliche Verwaltung (hier werden Hinweise für die Vorgehensweise und die Beteiligten gegeben),
- die Planer, Architekten, Städtebauer, Ingenieure, Projektmanager (ganzheitlicher Ansatz, Vorgehensweise, Werkzeuge),
- die Genehmigungsbehörden, die teilweise auch für die Finanzierung zuständig sind (Anforderungen für Vorgehen und Verfahren),
- die Bau- und Installationsfirmen und Institutionen (Empfehlungen, Werkzeuge),
- die für den Betrieb zuständigen Einrichtungen (Hinweise für den Betrieb, Werkzeuge).

1.2 Das Beispiel der Valley View University

Die Valley View University ist die größte private Universität Ghanas und die erste, die durch die Bildungsbehörden des Landes Ghana akkreditiert wurde.

Der Anfang der Universität lag in den 90er-Jahren des vorigen Jahrhunderts; 2001 war sie immer noch in der Anfangsphase. Es existierten lediglich einige wenige Gebäude und Infrastruktur-Einrichtungen, zu diesem Zeitpunkt befanden sich ungefähr 700 Menschen auf dem Campus. Wasser wurde durch den VVU-eigenen Tanklaster angeliefert, ökologische Einrichtungen gab es noch nicht. Aus diesem Grund bot die VVU aber eine einmalige Möglichkeit, einen nachhaltigen Campus zu entwickeln.

Zu der günstigen Ausgangslage trugen die folgenden Punkte bei:

- Die VVU ist eine private Einrichtung mit dadurch möglichen schnellen Entscheidungsprozessen.
- Der Präsident und der Vizepräsident standen ökologischen Lösungen aufgeschlossen gegenüber.
- Der Campus umfasst 120 Hektar mit einem großen landwirtschaftlichen Flächenanteil.
- Als Bildungseinrichtung ermöglicht die VVU einen großen Multiplikatoreffekt, einmal als positives Muster selbst und über die dort Ausgebildeten und Lehrenden.
- Die VVU liegt nahe zur Hauptstadt und zum Flughafen.

Ghana ist eines der wenigen stabilen afrikanischen Länder mit relativ friedlichen und wirtschaftlich relativ günstigen Verhältnissen.

2003 gelang es, vom deutschen Bildungs- und Forschungsministerium (BMBF) die Finanzierung für ein Forschungs- und Finanzierungsprogramm zu ökologischen Kreislauf-Lösungen zu bekommen. In den darauffolgenden Jahren konnten deshalb ökologische Wasserkreisläufe in Betrieb genommen werden, die Teil eines ganzheitlichen Konzeptes waren, das sowohl einen ökologischen Masterplan beinhaltete als auch die Absicht, ein Studium der Ingenieurökologie als Teil einer neuen Fakultät einzurichten.

Durch den Erfolg des zu diesem Zeitpunkt noch immer laufenden Programms war es möglich, weitere Mittel aus dem Programm der deutschen Regierung zum Klimawandel zu bekommen, die vom deutschen Umweltministerium (BMU) zur Verfügung gestellt wurden. Diese Investitionsmittel sollten der Einrichtung eines Umweltzentrums für ökologische Studien, von großvolumigen unterirdischen Regenwasserspeichern, der Pflanzung von Tausenden Bäumen und dem Erhalt der Reste an alten Bäumen und natürlicher Vegetation dienen sowie der Wasseraufbereitung.

Das gemeinsame Ziel, die VVU zur ersten Öko-Universität Afrikas auszubauen, wurde im Verlauf der engen gemeinsamen Zusammenarbeit entwickelt und in einer Klausur formuliert, an der 40 Personen teilnahmen, welche die wichtigsten Bereiche der VVU repräsentierten. In dieser Klausur entstanden aus dem Zusammenwirken der Beteiligten nicht nur diese Vision, sondern auch deren generelle Gestalt und Gestaltung, und es wurden die nächsten wichtigen Schritte auf diesem Weg festgelegt.

Die Valley View University liegt im Außenbereich der Hauptstadt Accra, in einem Übergangsbereich zwischen städtischem und ländlichem Raum. Aus diesem Grund kann sie als gutes Beispiel für ein ökologisches Siedlungsökosystem dienen, das sowohl im ländlichen Raum (als Ökodorf) wie auch im städtischen (Ökostadt, ökologische Stadt-Quartiere) Nachahmung und Vervielfältigung finden kann.

Jetzt nach Abschluss dieser zwei Programme wurden die Erfahrungen dieses und ähnlicher Projekte der IÖV und ihrer Mitglieder ausgewertet und die daraus sich ergebenen Empfehlungen für zukünftige ökologische Projekte aufbereitet, insbesondere für die Praktiker, die in der Alltagspraxis stets (zu) wenig Zeit zur Verfügung haben.

1.3 Anleitung zum Anwenderhandbuch

Das Anwenderhandbuch soll den Anwendern, die mit ländlichen oder städtischen Siedlungsökosystemen befasst sind, in einigen oder allen Stufen der Umsetzung (Entscheiden, Planen, Einrichten, Betreiben) helfen, und die erreichen möchten, dass diese neuen Siedlungsökosysteme langfristig zum Wohl der Bewohner und des örtlichen Ökosystems funktionieren. Deswegen werden nicht nur die allgemeinen Konzepte erläutert und die Schritte der Umsetzung und die jeweils betroffenen Beteiligten genannt, sondern es werden auch Hinweise und Werkzeuge für den jeweiligen Anwender und Anwendungsschritte gegeben. Die Valley View University dient dabei als Modellfall, anhand dessen dargestellt wird, wie diese Informationen auch für andere Projekte eingesetzt werden können.

In Kap. 2 werden detailliertere Erläuterungen zu menschlichen Ökosystemen, ihren Elementen und ihren besonderen Eigenschaften gegeben.

In Kap. 3 werden die entscheidenden Konzepte und Methoden für die Gestaltung von Siedlungsökosystemen vorgestellt und besonders für die Bereich des Informations- und Qualitätsmanagements, der Gestaltung der Vegetation und der Stoffkreisläufe weiter ausgeführt.

In Kap. 4 dient die Valley View University als der Modellfall, an dem der ganzheitliche Ansatz erprobt wurde und der im Einzelnen auch für die speziellen Bereiche des ökologischen Bauens, des Vegetationsmanagements, einer stadtnahen Landwirtschaft, des Wasser- und Stoffstrommanagements und des Informationsmanagements erläutert wird. Für diese Bereiche werden alle Einzelschritte der Umsetzung näher dargestellt, insbesondere die Entwicklung, Planung, Einrichtung/Umsetzung und der Betrieb sowie einige ökonomische Gesichtspunkte.

Kapitel 5 fasst die Erkenntnisse zusammen.

In Kap. 6 sind die beteiligten Autoren, Partner und Institutionen aufgeführt.

In Kap. 7 werden Werkzeuge vorgestellt, die an der VVU entwickelt und getestet wurden, sich dort bewährt haben und die bei zukünftigen ökologischen Projekten helfen können, diese ganzheitlicher und nachhaltiger zu gestalten.

Allgemein ist zu beachten, dass das Beispiel der VVU genau dieses sein soll, ein Beispiel, welches für die besonderen Projekte, Umstände, Beteiligten und Umsetzungsschritte noch angepasst werden muss. Das trifft natürlich auch für die aufgeführten Werkzeuge zu, die es leichter machen sollen, unter den unterschiedlichsten Umständen zu einer ganzheitlichen und nachhaltigen Lösung zu kommen. Die Werkzeuge sind auch als Word-Dokumente auf einer CD erhältlich, damit sie einfach eingesetzt werden können.

Das Anwenderhandbuch soll wie eine Lose-Blattsammlung verstanden werden, die in der Zukunft ausgebaut werden soll, mit weiteren Beispielfällen und erfolgreich umgesetzten Projekten von menschlichen Siedlungsökosystemen. Wenn Sie dazu beitragen wollen oder Verbesserungsvorschläge haben, wenden Sie sich bitte an die Ingenieurökologische Vereinigung.

Menschliche Ökosysteme

2

Gunther Geller

2.1 Allgemeines zu Ökosystemen

Ökosysteme sind Systeme von Lebewesen, die untereinander und mit ihrer Umgebung in Wechselwirkung stehen. Die Umgebung besteht dabei sowohl aus benachbarten Ökosystemen wie auch insgesamt dem ganzen planetaren Ökosystem Gaia.

Ökosysteme sind einem bestimmten Ort zugeordnet, dem Ökotop.

Die Beziehungen des Ökosystems oder die Flüsse können solche von Energie, Materie oder Information sein. Dabei ist Energie stets eine Einbahnstraße, bei der die verfügbare Energie stetig abnimmt und im letzten Schritt als Wärmeenergie ohne speziellen Wert für den menschlichen Nutzen ist. In reifen natürlichen Systemen werden die Stoffe in möglichst geschlossenen Kreisläufen geführt, und zwar vorwiegend am jeweiligen Ort. Information ist die Beziehung (oder der Fluss), die das System steuert und auch die Beziehungen der Lebewesen.

Die Lebewesen sind entsprechend ihrer Funktion im System entweder Produzenten (wie die grünen Pflanzen, die Sauerstoff und Nahrung erzeugen), Konsumenten (die Tiere einschließlich des Menschen) und die Reduzenten (Lebewesen, die Stoffe zerlegen, um sie damit wieder für die Produzenten wieder verwertbar zu machen).

2.2 Menschliche Ökosysteme

Das Neue an menschlichen Ökosystemen ist, dass sie technisch-kulturelle Elemente und Beziehungen bzw. Flüsse enthalten (Abb. 2.1). Technisch-kulturelle Produzenten wären z. B. Fabriken, die Güter herstellen, technisch-kulturelle Konsumenten sind Einrichtungen, die Materie oder Energie verbrauchen, wie z. B. Kühlschränke, Maschinen, Autos usw., technisch-kulturelle Reduzenten wären z. B. Kläranlagen,

Gunther Geller ✉
Ingenieurökologische Vereinigung IÖV, Augsburg, Deutschland
e-mail: info@ioev.de

G. Geller und D. Glücklich (Hrsg.), *Zukunftsfähige Siedlungsökosysteme*,
DOI 10.1007/978-3-642-39706-6_2,

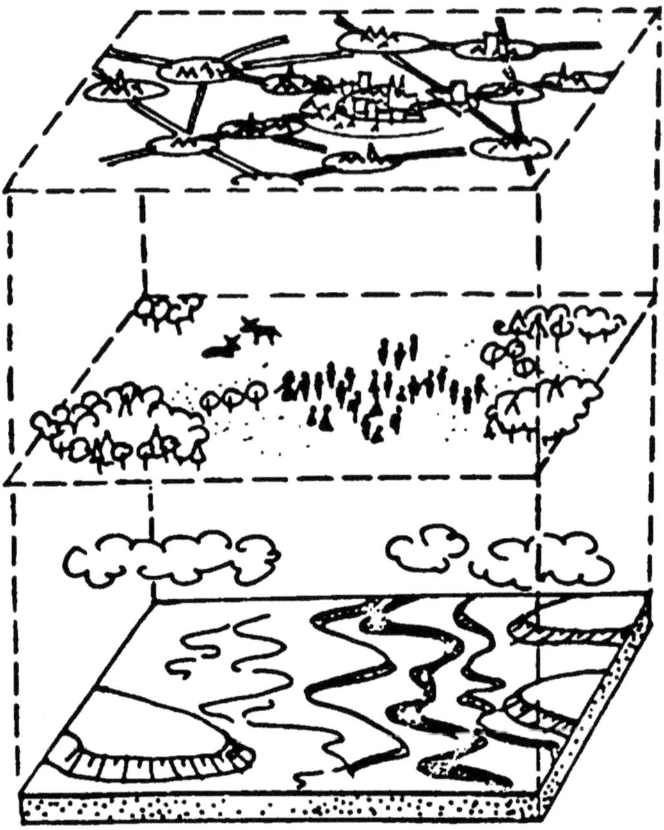

Abb. 2.1 Ebenen in menschlich beeinflussten Ökosystemen (technisch-kulturelle Bestandteile *oben*, lebende in der *Mitte*, unbelebte *unten*) (Tomasek 1979)

Biogasanlagen oder Kompostplätze. Technische Energie kann Elektrizität, technische Materie oder Stoffe können z. B. produzierte Güter wie Autos sein, Internet und Telefon gehören zu den technisch-kulturellen Informationsbeziehungen.

2.3 Ökosysteme entwickeln sich in Raum und Zeit

Ökosysteme entwickeln sich in Raum und Zeit. Bei der Entwicklung in der Zeit, die auch Sukzession genannt wird, entwickeln sich die Systeme von einem unreifen Zustand zu einem reifen. In der ersten Stufe der Pionierphase haben die Ökosysteme nur wenige Elemente, zwischen diesen existieren nur wenige Verbindungen sowie auch wenige Verbindungen zu ihrer Umwelt. Nach vielen Stufen im Verlauf der Evolution in der Zeit können sie einen reifen Zustand erreichen, wo viele verschiedene Elemente sehr stark verknüpft sind durch Beziehungen von Information,

Energie und Stoffen, wobei sie die verfügbaren Stoffe, Energie und Information bestmöglich nutzen.

Ein guter Maßstab für dieses Reifestadium ist der sehr kleine Verlust von Stoffen, d. h., Erosion spielt in einem reifen System nur eine kleine Rolle. Das gilt sowohl für natürliche und naturnahe wie auch für menschlich beeinflusste Systeme gleichermaßen. Im reifen Endzustand sind die Einfuhr und Ausfuhr von Stoffen und auch Energie sehr klein, die vielen Elemente des Systems sind vielfältig und harmonisch verknüpft.

Es gibt Kennzeichen von reifen Ökosystemen, die auch ganz allgemein als Maßstab für nachhaltige menschliche Ökosysteme dienen können:

- gute Ausnutzung von Energie,
- große Vielfalt,
- geschlossene Kreisläufe von Stoffen,
- niedrige Entropie,
- große Stabilität,
- Selbstorganisation,
- fein abgestimmtes Zusammenwirken etc. (siehe Odum 1971).

Um sicherzustellen, dass das menschliche Ökosystem sich in Richtung Nachhaltigkeit bewegt, d. h. auf einen reifen Systemzustand zu, muss im Verlauf der gesamten Entwicklung Wert darauf gelegt werden, dass ein hohes Maß an Reife = Qualität erreicht wird und, wenn nötig, verbessert wird. Im Qualitätsmanagement wird es der Kreislauf der Qualität genannt. Prozessmanagement bedeutet hier vor allen Dingen das Management von Information, was unter anderem auch Training, Erziehung, Öffentlichkeitsarbeit und Akzeptanz innerhalb und außerhalb des Systems bedeutet. Auch die Struktur des Systems muss am Ende des Prozesses dieses reife ökologische System zulassen.

Wegen der Entwicklung des menschlichen Ökosystems in der Zeit ist es erforderlich, diesen ganzen Verlauf über die gesamte Zeitspanne der Umsetzung zu begleiten, d. h. von den ersten Diskussionen über die Planungsphase bis zum letzten angestrebten Zustand. Dazu dient eine Vielzahl von Maßnahmen wie Wartung, Training, Anpassung der Organisationsstruktur usw. All diese Maßnahmen tragen dazu bei, dieses Ziel eines möglichst reifen Zustandes am Ende der ökologischen Entwicklung in diesen Ökosystemen zu erreichen. Die Entwicklung sollte dabei auch bereits so sein, dass das System an die Veränderungen sich anpassen kann, ohne dabei sein Gleichgewicht zu verlieren.

2.4 Beziehungen und Flüsse in menschlichen Ökosystemen

Es gibt drei Arten von Beziehungen oder Flüssen in einem Ökosystem: Stoff, Energie und Information. Es ist wichtig, dass diese sowohl als Fluss oder Beziehung, aber auch als Struktur vorkommen können. Information z. B. kann als Kommunikation (Fluss) oder als hierarchische Struktur einer Universität oder Gemeinde auftreten.

2.4.1 Stoffflüsse

Bei Ökosystemen kann der Stofffluss (oder die Stoffflüsse) einen guten Hinweis auf die Reife des Systems geben. Wenn viele von diesen Flüssen in Form von Kreisläufen vorkommen und es wenig Import und Export aus dem System gibt, ist das System zumindest in einem gewissen Ausmaß autark. Wenn es viel Stoffaustrag gibt, beispielsweise als Erosion von Erde, ist das System weit von Nachhaltigkeit entfernt.

Um die Stoffflüsse zu verstehen und zu steuern, ist eine Stoffflussbilanz zweckmäßig. Eine der am leichtesten zu bestimmenden und zu modellierenden ist Wasser in seinen verschiedenen Formen.

2.4.2 Energie

Der Energiefluss ist eine Einbahnstraße. Wenn Energie einmal gebraucht wurde, verliert sie die Fähigkeit, dieselbe Art von Arbeit wieder zu leisten. Im schlimmsten Fall geht sie als Wärmeenergie für den menschlichen Gebrauch verloren. Im natürlichen Ökosystem wird deshalb die Energie in so vielen Nutzstufen verwendet wie möglich und so weitgehend als möglich.

Die wichtigste Energie kommt von der Sonne, und zwar in einer nicht stofflichen Form. Dies ist auch die wichtigste erneuerbare Energie. Im menschlichen Ökosystem wird jedoch die Energie oft in stofflicher Form angeliefert, z. B. als Öl, Kohle und Holz, und schlägt sich deshalb auch in der Stoffflussbilanz nieder.

2.4.3 Information

Im Ökosystem ist Information einer der drei Flüsse im System (Stoff und Energie sind die anderen zwei). Obwohl nicht der offensichtlichste, ist er nichtsdestotrotz ein Fluss von größter Bedeutung. Er ist derjenige, durch den das System kontrolliert, seine Entwicklung gesteuert wird und durch den alle Beziehung zwischen den Lebewesen im System beginnen und aufrechterhalten werden.

Information kann in Ökosystemen verschiedene Formen annehmen. Es können solche sein, wie sie auch in natürlichen Systemen vorkommen, z. B. als Informationen, wo Nahrung oder Partner vorkommen. In den technisch-kulturellen menschlichen Ökosystemen wie Dörfern und Städten ist jedoch der technisch-kulturelle Typ von Information vorherrschend. Eine dieser Formen ist das Internet, eine andere das Telefon. Kulturellere Formen sind Werte, Ethik, Glaubenshaltungen, Rituale, Erziehung, interkulturelle Kommunikation usw.

2.4.3.1 Information als soziokultureller Rahmen

In technisch-kulturellen Ökosystemen wird deren Steuerung und Leitung teilweise zumindest durch religiöse und soziokulturelle Gruppen von Glauben, Ansichten,

Vorstellungen, Weltbilder, Werten, Ethik usw. übernommen. Unser Glauben an die Notwendigkeit ständigen Wachstums ist einer dieser Rahmensetzungen.

Ohne diese Art von Wirkmechanismen verstanden zu haben, insbesondere den soziokulturellen Hintergrund im menschlichen Ökosystem, werden die Maßnahmen innerhalb und außerhalb des Systems nicht die beabsichtigte Langzeitwirkung haben. Das ist von ganz besonderer Bedeutung, wenn Menschen einer anderen Kultur in anderen soziokulturellen Umgebungen tätig sind. Bevor etwas getan wird und auch während der Umsetzung von Maßnahmen ist vor allen Dingen zunächst ein Grundverständnis für die besonderen Rahmenbedingungen, insbesondere soziokultureller Art, eine unabdingbare Voraussetzung.

Inwieweit das jeweilige menschliche Ökosystem in das globale Ökosystem passt, und wie weit oder nicht die jeweiligen Ökosysteme und ihre menschlichen Mitglieder in Übereinstimmung mit ökologischen Grundsätzen wirken, hängt sehr stark davon ab, wie weit Ethik und Werte diese ökologischen Grundbedingungen wertschätzen.

2.4.3.2 Information als Organisation

Information kann nicht nur als Beziehung oder Wechselwirkung auftreten, sondern auch als Struktur beispielsweise die (hierarchische) Organisation von menschlichen Ökosystemen wie Firmen, Gemeinden wie Städte und Dörfer und Universitäten. Diese Form von Information ist besonderes hinsichtlich des langfristigen Funktionierens des Systems, d. h. also seiner Nachhaltigkeit von Bedeutung.

Im Fall von menschlichen Ökosystemen ist ein Teil des Ökosystems die hierarchische Organisation der Gemeinde oder Universität selbst. Diese Struktur bestimmt sehr stark den Fluss der Information innerhalb und außerhalb, die Verteilung von Zuständigkeiten, die allgemeine Akzeptanz der Menschen und Maßnahmen und die Verfügbarkeit finanzieller Ressourcen, um nur einige wenige Einflussgrößen zu nennen.

Deshalb ist es bei menschlichen Ökosystemen von großer Bedeutung, dass für deren ökologische Entwicklung auf allen Ebenen der Hierarchie Stellen geschaffen werden oder vorhanden sind, die für die ökologische Entwicklung zuständig sind, die auch die entsprechende Bedeutung im System haben und mit geeigneten Personen besetzt sind. Diese Personen müssen fähig, ausgebildet, willig und mit einer ausreichenden Entscheidungsbefugnis ausgestattet sein.

2.4.3.3 Information als Erziehung, Training und Studium

Um das entsprechende Bewusstsein für und die Akzeptanz hinsichtlich der ökologischen Entwicklung sicherzustellen, sind Erziehung, Training und Studiengänge wesentliche Mittel dazu.

Abhängig von der jeweiligen Art des menschlichen Ökosystems muss natürlich mit verschiedenen Arten von Erziehung, Training und Studiengängen gearbeitet werden.

So sind Studiengänge z. B. speziell für Hochschulen wie die VVU wichtig.

In den Dörfern und Städten sind spezielle Trainings- und Erziehungsprogramme für die Bewohner wichtig. Das kann zum einen bedeuten, ausgewählte Gruppen aus der Gemeinde, wie etwa Frauen oder Jugendliche, zu ermutigen und zu ermächtigen, oder zum anderen bestimmte Trainingsmaßnahmen durchzuführen, um besondere Fähigkeiten und Kenntnisse weiterzugeben, wie z. B. zu wissen, wie eine Biogasanlage, Komposttoiletten, Solarsysteme oder Wasserkreisläufe zu betreiben sind.

2.4.3.4 Information als Kommunikation, Akzeptanz und Öffentlichkeitsarbeit

Menschliche Ökosysteme wie die VVU werden nur dann langfristig funktionieren, wenn es innerhalb und außerhalb die entsprechende Akzeptanz zu der ökologischen Entwicklung gibt.

Um das zu erreichen, ist die Weitergabe von Information notwendig, aber als solche nicht ausreichend.

Es wird erforderlich sein, genügend Zeit mit den Beteiligten zu verbringen und auch Gelegenheiten zu schaffen, in denen es möglich ist, Vertrauen und tragfähige Arbeitsbeziehungen zu entwickeln. Und es ist auch wichtig, einen Rahmen zu schaffen, in dem es möglich ist, dass sich die Beteiligten persönlich entfalten können.

Obwohl durch Maßnahmen allein noch nicht Akzeptanz und weitergehende und tiefer reichende Kommunikation gewährleistet werden kann, ist es trotzdem möglich, gewisse günstige Rahmenbedingungen dafür zu schaffen.

Einige dieser geeigneten Ansätze und Methoden sind: wertschätzendes Erkunden (Ludema et al. 2003), Theorie-U (Scharmer 2007), Die Arbeit, die verbindet (Macy 1999), Der Kreis (Baldwin 1998), Weltcafé (Brown 2005), Musik und Tanz usw. Für einige dieser Vorgehensweisen und Methoden, die an der VVU zum Einsatz kamen, werden noch Beispiele aufgeführt.

2.5 Ingenieurökologie: Gestaltung von Ökosystemen

Die Verbindung des ganzheitlichen Ansatzes in der Ökologie und der praktischen Vorgehensweise im Ingenieurwesen und in der Architektur hat eine neue Vorgehensweise geschaffen, nämlich die Gestaltung von Ökosystemen, auch Ingenieurökologie genannt. Die Ingenieurökologie gibt es nun bereits seit den 60er-Jahren des vorigen Jahrhunderts, und es wurde eine Vielzahl von Projekten und Erfahrungen in dieser Zeit gesammelt.

Ingenieurökologie kann definiert werden als „Steuerung der Umwelt durch den Menschen, wobei kleine Mengen zusätzliche Energie das System steuern, in dem die Hauptenergieflüsse noch immer aus natürlichen Quellen stammen“ (Odum 1962) und „die Gestaltung nachhaltiger Ökosysteme, die die menschlichen Gesellschaftssysteme mit ihrer natürlichen Umgebung zum Vorteil für beide in Einklang bringen“ (Mitch 1996).

Die Hauptwerkzeuge des Ingenieurökologen sind Ökosysteme und ihre Bestandteile. Bisher lag der Schwerpunkt der Arbeitsgebiete auf Ökosystemen, die von Menschen beeinflusst sind (wie z. B. Flüsse und Kanäle) oder auch solche Systeme, die vollständig von Menschen geplant und gebaut wurden (wie z. B. Pflanzenkläranlagen).

Menschliche Siedlungen sind jedoch bisher sehr selten als Ökosysteme behandelt worden, nach den Grundsätzen natürlicher Ökosysteme geplant, umgesetzt und betrieben worden und mit all den Bestandteilen von menschlichen Ökosystemen als Werkzeugen.

An der VVU wurde dieser Ansatz der Ingenieurökologie bei deren ökologischer Entwicklung erprobt. Dieses Handbuch enthält die dabei zusammengetragenen wichtigen Schlussfolgerungen, eine praktische Vorgehensweise und Werkzeuge, die im Verlauf dieser ökologischen Entwicklung gesammelt wurden.

3 Konzepte und Methoden: Planung, Umsetzung und Betrieb von menschlichen Ökosystemen

Gunther Geller, Detlef Glücklich †, Dietmar Simmering, Annette Otte, Laurent Richard und Reinhard Perfler

3.1 Der ganzheitliche Ansatz – Schlüsselkonzepte und Methoden

Gunther Geller und Detlef Glücklich

3.1.1 Allgemeine Grundlagen

Zur Gestaltung menschlicher Ökosysteme, also zu deren Planung, Bau und Betrieb, sind praktische Ansätze und Werkzeuge erforderlich. Allgemein ist die Anforderung, dass sie auf einem ganzheitlichen ökosystemaren Ansatz gründen, der alle Elemente von Ökosystemen umfasst: den Ort, die Flüsse und die Bewohner (Abb. 3.1). Und weil es sich hier um menschliche Ökosysteme handelt, müssen sie besonders auch die technisch-kulturellen Teile dieses Systems beinhalten. Ein bewährtes Hilfsmittel ist dabei die Ökosystem-Liste mit den enthaltenen Kennzeichen eines reifen Ökosystems (siehe Ökosystem-Liste im Abschn. 7.2).

Gunther Geller ✉
Ingenieurökologische Vereinigung IÖV, Augsburg, Deutschland
e-mail: info@ioev.de

Dietmar Simmering · Annette Otte
Institut für Landschaftsökologie und Ressourcenmanagement, Justus-Liebig-Universität Gießen, Heinrich-Buff-Ring 26–32, 35392 Gießen, Deutschland
e-mail: Dietmar.Simmering@umwelt.uni-giessen.de, landschaftsoekologie@umwelt.uni-giessen.de

Laurent Richard
Institut für Siedlungswasserbau, Industriewasserwirtschaft und Gewässerschutz, Universität für Bodenkultur Wien, Muthgasse 18, 1190 Wien, Österreich
e-mail: richard.laurent@boku.ac.at

Reinhard Perfler
Institut für Siedlungswasserbau, Industriewasserwirtschaft und Gewässerschutz, Nußdorfer Lände 11, 1190 Wien, Österreich
e-mail: reinhard.perfler@boku.ac.at

G. Geller und D. Glücklich (Hrsg.), *Zukunftsfähige Siedlungsökosysteme*,
DOI 10.1007/978-3-642-39706-6_3, © Springer-Verlag Berlin Heidelberg 2014

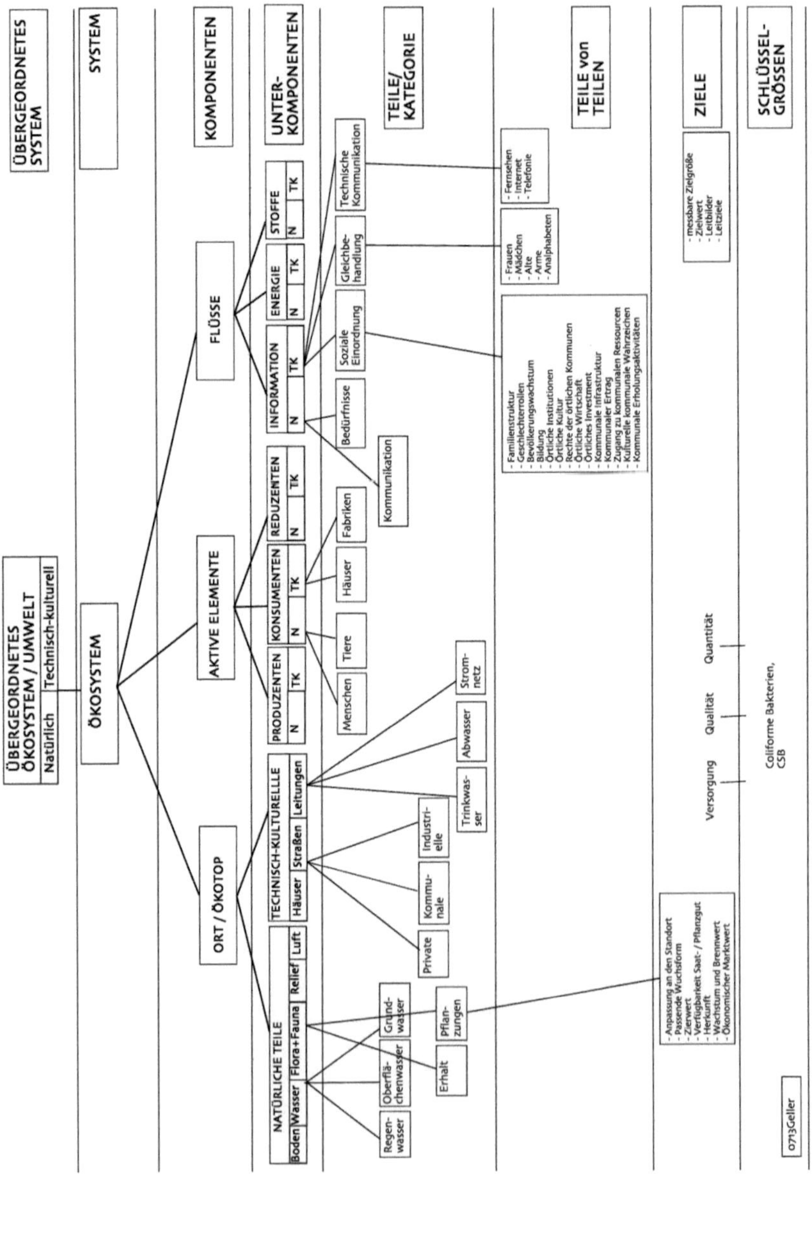

Abb. 3.1 Übersicht: Ökosystem, Ebenen und Bestandteile

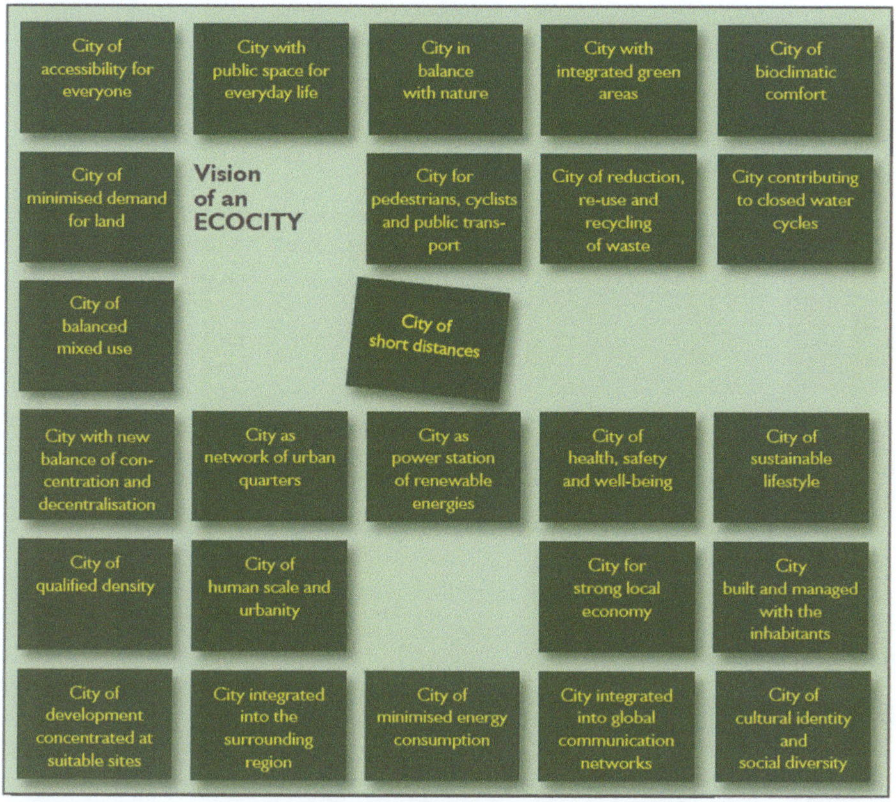

Abb. 3.2 Die Vision einer Ökostadt (Gaffron et al. 2008, S. 10)

Der Ort oder Ökotop beinhaltet die natürlichen Bestandteile und Gesichtspunkte wie Geologie, Böden, Flora (Vegetation) und Fauna, Oberflächen und Grundwässer, aber auch die technisch-kulturellen Bestandteile wie Gebäude, Straßen, Infrastruktur, den Verwaltungsaufbau der Gemeinde, den soziokulturelle Hintergrund usw.

Einige dieser Konzepte und Vorgehensweisen sind nachfolgend ausführlicher erläutert, die meisten davon wurden an der VVU erprobt (und auch für nützlich befunden).

Die Vision einer ökologischen Siedlung setzt sich aus vielen unterschiedlichen Gesichtspunkten zusammen. Im Rahmen eines EU-Projektes zu nachhaltigen Ökostädten (Gaffron et al. 2006, 2008) wurden diese in Abb. 3.2 zusammengestellt.

Für die Planung eines ökologischen Siedlungssystems muss berücksichtigt werden, dass dessen verschiedene Elemente und Funktionen in gegenseitiger Wechselwirkung stehen und deshalb auch bei der Planung und Gestaltung solcher Ökosysteme in ihrem Zusammenhang, und nicht nur einzeln, behandelt werden müssen. Als Beispiel dafür ist der Zusammenhang zwischen Energie und Stoffflüssen und

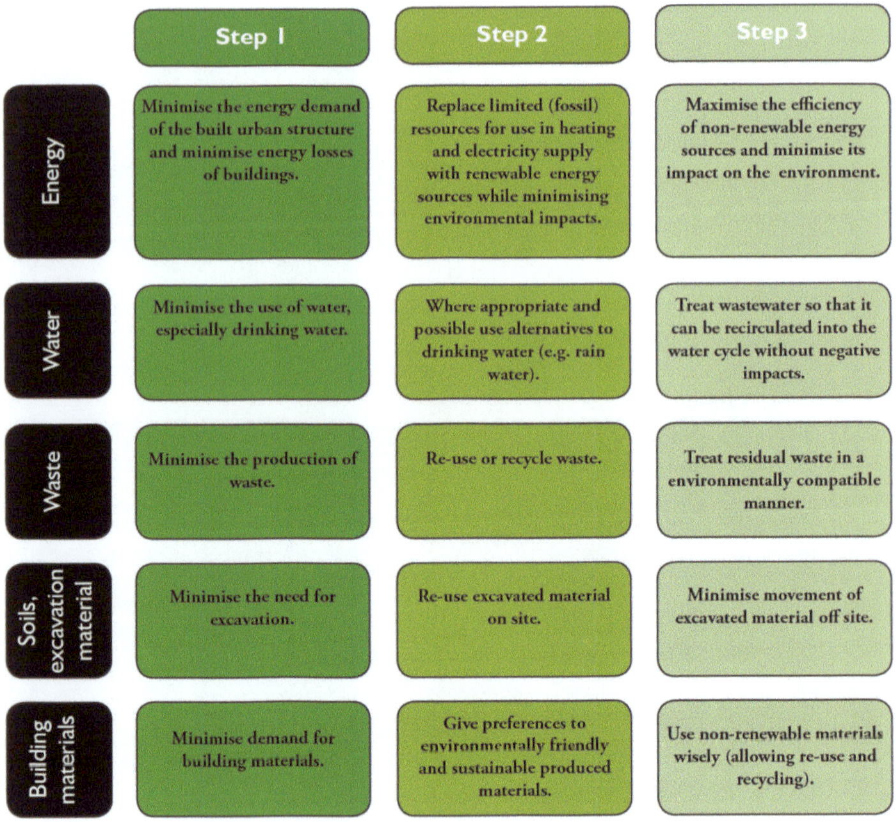

Abb. 3.3 Dreistufige Strategie für Energie und Stoffflüsse (Gaffron et al. 2008, S. 32)

dessen schrittweise Berücksichtigung beim Planungsprozess in Abb. 3.3 (ebenfalls Gaffron et al. 2008) dargestellt.

Um all diese Gesichtspunkte bei der Gestaltung von Ökosystemen zu berücksichtigen, ist ein allgemeines Leitbild erforderlich, auf das der Ablauf der Umsetzung und seine Umsetzung in der Fläche und im Raum ausgerichtet sind. Für Siedlungsökosysteme eignet sich das Leitbild der Stadtschaft.

Einige der Konzepte und Vorgehensweisen der Gestaltung von Ökosystemen sind im Weiteren ausführlicher erläutert. Viele wurden erfolgreich an der VVU erprobt.

3.1.2 Übergeordnetes Ziel – Stadtschaft

Bisher wurde die Kulturlandschaft unter vielen Einzelgesichtspunkten gestaltet, Ziele wurden allenfalls punktuell besonders im Energiebereich oder Naturschutz verfolgt, eine Vernetzung beider war nahezu unbekannt. Ökosysteme zu gestalten ist mehr und braucht ein Leitziel, also eine gemeinsame Blickrichtung, eine Aufgabenstellung. Ein solches Leitziel muss durch Teilziele konkretisiert werden. Ziele lassen sich mit bestimmten Maßnahmen nachprüfbar erreichen oder aber auch nicht erreichen, was wiederum klar deklariert werden muss. Die Gestaltung von Ökosystemen wird hierdurch transparent, kann diskutiert werden, Mittel für und Wege zu Lösungen können ständig ausgebaut und verbessert werden.

Städte und ihr Umfeld sind ein besonders wichtiger Lebensraum, seine nachhaltige Gestaltung wird von vielen als ein Schlüssel für das Überleben der Menschen angesehen. Neuere Untersuchungen bestätigen den schon bisher in Ripl (2003) verfolgten Ansatz: Durch Bioaktivität, die im Wesentlichen von der Wasserverfügbarkeit abhängt, muss auch die Gestaltung der Städte eine wichtige und unverzichtbare Leitgröße sein. Da Wasser unverzichtbar für unser tägliches Leben ist, muss der nachhaltige Wasserkreislauf Basis jeglicher Kulturlandschaft und damit auch der Stadt sein.

Im Idealfall ist auch die nachhaltige Stadt ein stabiles Ökosystem wie jede nachhaltig funktionierende Landschaft – also Stadt und Landschaft in einem, nennen wir sie „Stadtschaft" (Townscape) als Teil des gesamten Ökosystems: ein übergeordnetes Leitziel. Der Idealfall wird kaum erreicht werden können, dennoch werden hierdurch weitreichende Ziele vorgegeben, aus denen Handlungsanweisungen entwickelt werden können: hohe Bioaktivität mit effizienten Wasser- und Stoffströmen, effiziente Energienutzung ohne langfristige Umweltbelastungen, hoher Anteil an örtlichen Ressourcen in jeder Hinsicht (wir nennen es eine hohe Sockelqualität) – jedoch keine Autarkie; denn erst durch Vernetzung der Stadtschaft mit der Landschaft und anderen Ressourcen werden besondere Synergien günstig genutzt nach dem Motto: Nicht jeder kann alles.

Arbeiten in Teilschritten mit Teilzielen: Dem Leitbild der Stadtschaft muss man sich in einem komplexen System Schritt für Schritt annähern, zu schwierig sind die Zusammenhänge – inhaltlich, funktional, räumlich und vom Prozessablauf her gesehen. Deshalb muss in kleinen Schritten mit Teilzielen gearbeitet werden, und zwar, wie erwähnt, inhaltlich, funktional etc. Hierzu wurde ein Zellenmodell entwickelt, das eine solche Vorgehensweise mit einer bestimmten Systematik erlaubt.

3.1.3 Zellenmodell: inhaltliche, funktionale und räumliche Einheiten

„Stadtschaft" wird durch viele Einzelparameter geformt. Begriffe wie „grüne Stadt", „Solarstadt" usw. spiegeln zwar Teilvorstellungen wider, sind aber als konkrete Arbeitsanweisung zu flach und einseitig in der Zielsetzung. Einfache Ansätze können in dem komplexen System nicht zu einer sinnvollen Lösung führen. Deshalb werden überschaubare kleine Einheiten geschaffen, in denen Teiluntersuchungen erfolgen. Je nach Art und Größe können das z. B. Gebäude gleicher Nutzung, Bauabschnitte, Freiflächen gleichen Charakters oder eine gemeinsame dezentrale Abwasserentsorgung gleichartiger Abwasserqualität sein. Diese kleinen

Funktionseinheiten werden nach dem Vorbild der Lebewesen als Zelle bezeichnet. Sie entsprechen dem Prinzip der Teildezentralität und sind Funktions- und Aktionsräume, in denen Stadtschaft untersucht und gestaltet werden kann.

Die Zellen sind keine autarken Einheiten. Sie sind in der Regel mit ihrer Umgebung verknüpft und auf diese angewiesen. Zellen sind in Teilbereichen abgeschlossen, in anderen wieder offen, wie dies z. B. Gebäude und Stadtquartiere durch ihre Verknüpfung mit der Umgebung sind. Inwieweit Funktionen innerhalb einer Zelle und über diese hinausgehend sinnvoll ausgebildet werden, bedarf einer ständigen Überprüfung. Zellen können miteinander gekoppelt werden und so größere Funktionseinheiten (Zellverbände) bilden.

Der Begriff der Zelle bezeichnet nicht nur ein reines Gedankenmodell („Denkzelle"), sondern ist Arbeitsmodell für praktikables dezentrales Planen und Gestalten in räumlicher und funktionaler Hinsicht. Durch den Zusammenschluss mehrerer „Denkzellen" lassen sich komplexe Prozesse im größeren Zusammenhang veranschaulichen und strukturieren.

Denkbar wäre es, das gesamte Campusgelände der VVU als eine Zelle zu betrachten, was Planung und Umsetzung zweifellos vereinfacht hätte. Dies widerspricht jedoch dem Prinzip der Dezentralität und dem übergeordneten Leitziel der bioaktiven Stadtschaft. Zentrale Lösungen sind aus Kostengründen in der Regel technikintensive Standardlösungen, die nicht flexibel auf Sondernutzungen oder veränderte Anforderungen reagieren können. Eine Kreislaufführung erfordert hier meist aufwendige und lange Wege. Der Vorteil dezentraler Lösungen besteht darin, dass optimale Lösungen für die unterschiedlichen Zellen gefunden werden und damit dem übergeordneten Leitziel am nächsten kommen.

3.2 Integriertes Informations- und Qualitätsmanagement

Gunther Geller

3.2.1 Allgemeine Grundlagen

Aus der Sicht des Ökosystems sind Informationsmanagement und Qualitätsmanagement beide Teil der Informationsflüsse und ihrer Handhabung.

Deswegen integrieren wir in diesem Anwenderhandbuch beide zu einem kombinierten Ansatz (Abb. 4.8).

Informationsmanagement betrachtet den Bereich der Information mehr aus dem Blickwinkel der Verfügbarkeit und der Verteilung der Information und ihren Einfluss auf die Beteiligten (beispielsweise in ihrer Wirkung auf die tatsächliche Beteiligung und Mitwirkung), Qualitätsmanagement beschäftigt sich mehr mit dem Prozess als solchen und der Qualität der Ergebnisse.

3.2.2 Informationsmanagement

Information ist der Schlüssel für die Handhabung menschlicher Ökosysteme. Es muss so gehandhabt werden, dass alle notwendigen Informationen verfügbar sind und dass alle Beteiligten zu ihrer Verfügbarkeit beitragen können und auch tatsächlich wollen.

Es ist relativ einfach, Information verfügbar zu machen: etwa über PowerPoint-Präsentationen, über E-Mails, Internet, Besprechungen usw.

Die Wirksamkeit ist jedoch nicht so sehr eine Frage der Menge an Information, die verfügbar ist, und ihrer Verteilung, sondern betrifft hauptsächlich die Qualität der Information und der Tiefe ihres Verstehens (und Zuhörens) und letztlich der Beteiligung.

Dies erfordert einen vollkommen anderen Ansatz des Vorgehens, der tiefer und weiter sein muss als die meist oberflächlicheren Arten der Kommunikation üblicherweise. Dabei müssen die wirklichen Bedürfnisse der Beteiligten herausgefunden werden, diese müssen von Anfang an eingebunden sein und dies auch während des gesamten Prozesses der Umsetzung bleiben; der Ansatz muss eine Art von Verstehen und Kommunikation von Herz zu Herz und Geist zu Geist ermöglichen. Ohne dieses wird langfristige Beteiligung und damit das langzeitige Funktionieren des Systems (Nachhaltigkeit) nicht erreicht werden.

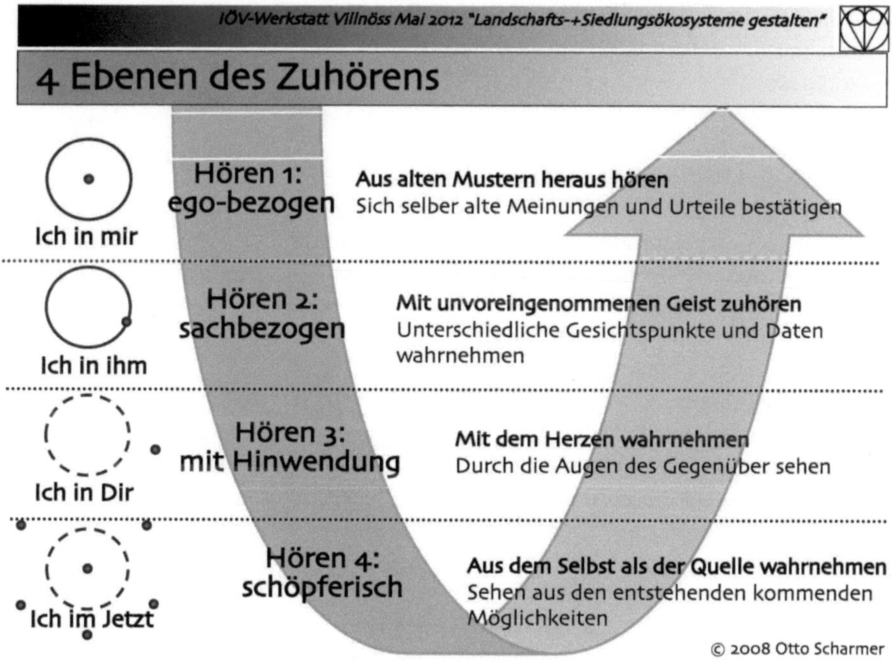

Abb. 3.4 U-Prozess: dargestellt am Beispiel des Zuhörens (Scharmer 2008)

Es gibt unterschiedliche Ansätze; diese sind auch bereits getestet und erfolgreich in verschiedenen Organisationen eingesetzt worden. Einer dieser Ansätze ist das Presencing, eine Methode, die im Massachusetts Institut of Technologie (MIT) (Scharmer 2007) entwickelt wurde und die für das Zuhören in der Abb. 3.4 illustriert ist.

3.2.3 Qualitätsmanagement (QM)

Informationsmanagement wird meist in einem allgemeineren Sinne verstanden, Qualitätsmanagement hingegen hat das Ziel, die Zufriedenheit der Nutzer sicherzustellen. Dies wird erreicht, indem ein Produkt geliefert wird, das die Anforderungen des Nutzers oder Käufers auf die wirtschaftlichste Art und Weise erfüllt.

Qualitätsmanagement ist ein Prozess der ständigen Verbesserung. Ursprünglich war Qualitätsmanagement für den Einsatz in Produktionsprozessen gedacht, erst später wurde es auch auf andere Anwendungsgebiete wie Dienstleistungen und Ingenieurleistungen angewandt. In unserem ganzheitlichen Ansatz wenden wir es für die verschiedenen Beteiligten im Prozess an und ebenso auf alle Schritte in diesem Prozess gleichermaßen. Wir verwenden QM-Werkzeuge und passen sie den Erfordernissen eines ganzheitlichen Ansatzes für menschliche Ökosysteme an.

3.2.3.1 Die Schritte des Prozesses

In Projekten, bei denen es um menschliche Ökosysteme geht, besteht der gesamte Prozess aus den folgenden Hauptschritten:

- Vorphase,
- Gestaltung,
- Umsetzung,
- Betrieb und Wartung.

Diese Hauptschritte bestehen üblicherweise aus weiteren Unterschritten, je nach der Art und Vielschichtigkeit des Projektes. Im Stadium der Planung werden normalerweise erste Konzepte oder Skizzen erarbeitet, denen dann detailliertere Lösungsvorschläge folgen, die dann in eine endgültige Form gebracht werden, die ihre Umsetzung ermöglicht (Abb. 3.5).

3.2.3.2 Beteiligte

Bei den verschiedenen Schritten des Umsetzungsprozesses sind jeweils verschiedene Beteiligte tätig bzw. müssen beteiligt werden. Für den Schritt der Planung sind z. B. der Auftraggeber, die Behörden und die Planer, Ingenieure, Architekten usw. wichtig, wo hingegen im Stadium des Betriebs das Betriebspersonal vor allen Dingen wichtig ist.

3.2.3.3 Werkzeuge

Um sicherzustellen, dass der Umsetzungsprozess auf die bestmögliche Art und Weise erfolgt, was seine ganzheitliche und nachhaltige Qualität betrifft, sind Werkzeuge hilfreich, die die einzelnen Schritte näher erläutern, das Ergebnis, die Vorausset-

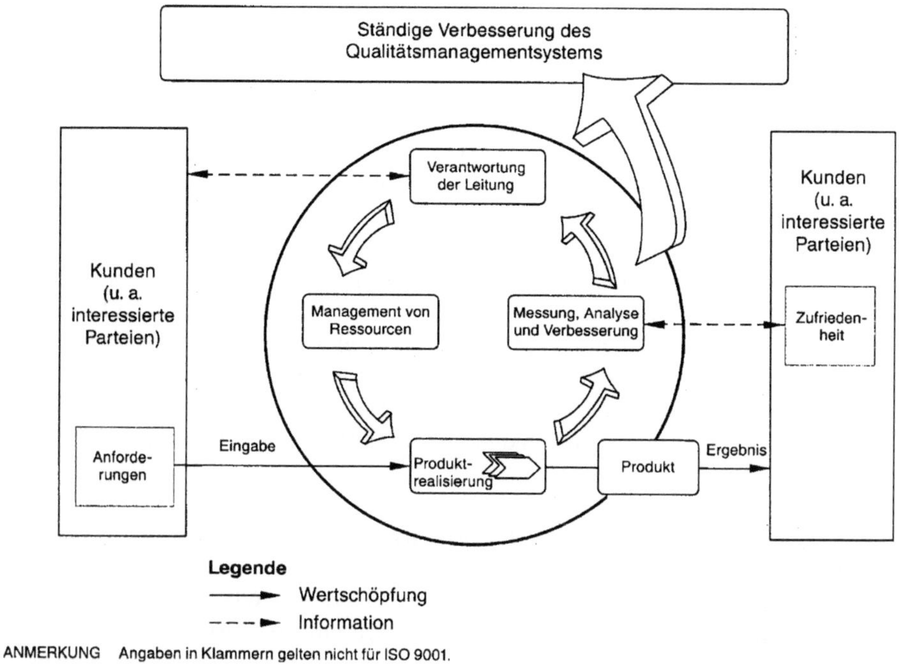

Abb. 3.5 Der Qualitäts-Kreislauf nach DIN/ISO 9001

zungen und die auch dabei Beteiligten aufführen. QM-Werkzeuge wie Verfahrensanweisungen, Flussdiagramme, Checklisten, Formblätter, Handbücher usw. können ebenfalls als Eingangsmaterial für solche Prozessschritte dienen.

3.2.4 Integriertes Informations- und Qualitätsmanagement

Aktionsforschung (Action Research) Für alle ökologischen Prozesse und ihre ständige Verbesserung ist es wesentlich, den Ausgangszustand festzuhalten und ebenso den Zustand am Ende der Umsetzung zu dokumentieren. Dies ist nicht nur ein Element des Qualitätsmanagements, sondern auch ein entscheidend wichtiger Ansatz, der sich action research oder Aktionsforschung nennt.

Dabei handelt es sich um eine elegante Verbindung von Tun, Lernen, Erforschen und Verbessern – alles zur gleichen Zeit. Dieser Ansatz wurde zuerst in den Sozialwissenschaften entwickelt und angewandt, wird aber zwischenzeitlich in vielen anderen Bereichen eingesetzt. Aktionsforschung ist ein Prozess wechselseitiger Erforschung, der sowohl Problemlösungsschritte in einem Umfeld gegenseitiger Zusammenarbeit kombiniert mit einem Vorgehen, das die erforderlichen Daten analysiert und erforscht, um die zugrunde liegenden Ursachen herauszufinden, die dann Voraussagen erlauben für die zukünftigen personellen und organisatorischen Veränderungen (Reason und Bradbury 2001).

Normalerweise sind diese beiden Ansätze getrennt: In einem Forschungs- und Entwicklungsprogramm steht die Forschung im Vordergrund, der Forscher bleibt an der Seite und ist im System nicht beteiligt (zumindest wird dies so versucht), wohingegen in einem Umsetzungsprojekt oder einem Investmentprojekt etwas getan wird, ohne allzu viel auf den Prozess als solchen zu achten, auf die Veränderungen bei der Umsetzung, auf das, was alle Beteiligten gelernt haben und was daraus für weitere Projekte gelernt werden kann.

Die Aktionsforschung erlaubt die Teilnahme bei der Veränderung des Systems, aber hält diese Veränderungen fest, ebenso die Ausgangslage und die Lage danach und auch die Dinge, die daraus gelernt wurden. Der Aufwand dazu kann klein sein und muss es bei praktischen Projekten in der Regel auch sein. Werkzeuge können Listen, Fragebögen, Protokolle und anderes sein. Bezogen auf eine Werkstatt oder eine Konferenz können Fragebogen vor der Veranstaltung oder danach Teil dieser Aktionsforschung sein. Die Anwendung in der Entwicklungszusammenarbeit wird bei Gagel (1995) beschrieben.

3.2.4.1 Gleichzeitiges Handeln und Lernen (Action Learning)

Kombiniertes Handeln und Lernen (die folgende Definition siehe Wikipedia) konzentriert sich auf die Forschung bei Projekten, bei denen Wissen als Ergebnis der Umsetzung entsteht und die ihrerseits zur Verbesserung von Fertigkeiten und Handlungsweisen dient.

Wenn der Schwerpunkt auf wechselseitigem Lernen besteht, wird es Action Learning (Lernen und Handeln) genannt. Es meint einen Erziehungsprozess, bei dem die Teilnehmer ihre eigenen Handlungen und Erfahrungen studieren, um sich zu verbessern. Dieses Konzept hat Ähnlichkeit mit Lernen im Tun und dem Lehren durch Beispiele und Wiederholungen. Aktionslernen wird in Zusammenarbeit mit anderen durchgeführt, in kleinen Gruppen, die Action-Learning-Gruppen genannt werden, aber auch Zweiergruppen. Es wird vor allem für die Arbeit mit Erwachsenen vorgeschlagen, weil es jeder Person erlaubt, auch über sich selbst nachzudenken, die Handlung zu betrachten und zu bewerten und das dabei Gelernte festzuhalten. Dies dient als zukünftige Handlungsanleitung und als Anleitung für die Verbesserung des Vorgehens.

Diese Methode steht im Gegensatz zu dem traditionellen Lernmethoden, bei denen die Vorstellung von Wissen und Fertigkeiten im Vordergrund steht (siehe Kramer 2007).

3.2.4.2 Wertschätzendes Erkunden (Appreciative Inquiry (AI))

Dies ist ein Vorgehen für die Entwicklung von Organisationen, das auf der Idee basiert, Organisationen um das herum aufzubauen, was funktioniert, anstatt das zu beheben, was nicht funktioniert. Es steht folgende Frage im Vordergrund: Was ist das Beste, wie wir sein können? Als Ergebnis dieser Vorgehensweise geht der Prozess der Verbesserung kontinuierlich weiter (wie im Qualitätsmanagement). Whitney und Trosten-Bloom definieren Appreciative Inquiry (AI) als „Das Studium und die Erforschung von dem, was im besten Fall unter günstigsten Umständen menschliche Systeme lebendig macht".

Das wertschätzende Erkunden ist ein spezieller Weg, bei dem Fragen gestellt werden und eine Zukunft als Vision entwickelt wird, die die positiven Beziehungen fördert und auf dem grundsätzlichen Gutsein von Menschen, von Situationen oder Organisationen aufbaut. Dadurch erweitert es die Fähigkeit eines Systems zur Zusammenarbeit und zu einem positiven Wandel (Wikipedia).

Die wertschätzende Erkundung ist ein Prozess in vier Stufen:

- DISCOVER (Bestandsaufnahme): das Herausfinden von organisatorischen Prozessen, die funktionieren,
- DREAM (Vision): die Entwicklung von Visionen von Prozessen, die in der Zukunft bestens funktionieren würden,
- DESIGN (Gestaltung): die Planung und Festlegung von Prozessen, die funktionieren,
- DESTINY (Maßnahmen): die Umsetzung der Vorschläge.

Der Ansatz des wertschätzenden Erkundens kann folgendermaßen gesehen werden:

- AI sieht Organisationen als lebendige geistig-seelische Systeme.
- AI arbeitet wertschätzend und ist immer auf der Suche nach dem, was lebendig macht.
- AI ermutigt die Beteiligten, unterstützend tätig zu sein für Möglichkeiten, Hoffnung und schwungvolle Handlungen.
- Immer danach zu suchen, andere dabei zu unterstützen, es sich zu eigen zu machen.

3.2.4.3 Die Arbeit, die wieder verbindet (Joanna Macy)

Diese Vorgehensweise wurde von Joanna Macy und Kollegen entwickelt und kann als Spirale gesehen werden (Abb. 3.6). Der Ausgangspunkt ist Dankbarkeit, die nächste Stufe dann „Unseren Schmerz, um die Welt anzunehmen". Nach der dritten Stufe „Mit neuen Augen sehen" kommt als letzte Stufe „Hinausgehen – auf die Reise ins lebendige Leben", gleichzeitig der Beginn eines neuen Durchgangs durch die Spirale. „Die Arbeit, die wieder verbindet, ist eine Synthese von Ökologie, Systemtheorie und Buddhismus und ist ausgezeichnet für die heutigen ökologischen Anforderungen geeignet".

Seine Einzigartigkeit beruht sehr stark auf dem Schritt, „unseren Schmerz, um die Welt anzunehmen und zu würdigen", der es erlaubt, all den ökologischen Schmerz der Beteiligten auszudrücken. Dieser Schmerz und dieses Mitleiden werden als etwas verstanden, was aus der gegenseitigen Verbundenheit aller Wesen im Netz des Lebens herrührt. Also als etwas, das nicht auf ein lediglich einfaches und rein einzelpersonbezogenes psychologisches Thema behandelt werden kann. Dieser integrierte Ausdruck des Schmerzes in diesen Stufen befreit die Energien für die nächste Stufe und führt gleichzeitig zu einer tiefen Verbundenheit aller Beteiligten. Für all diese Stufen ist eine große Zahl verschiedener Übungen verfügbar (siehe Macy und Brown 2003).

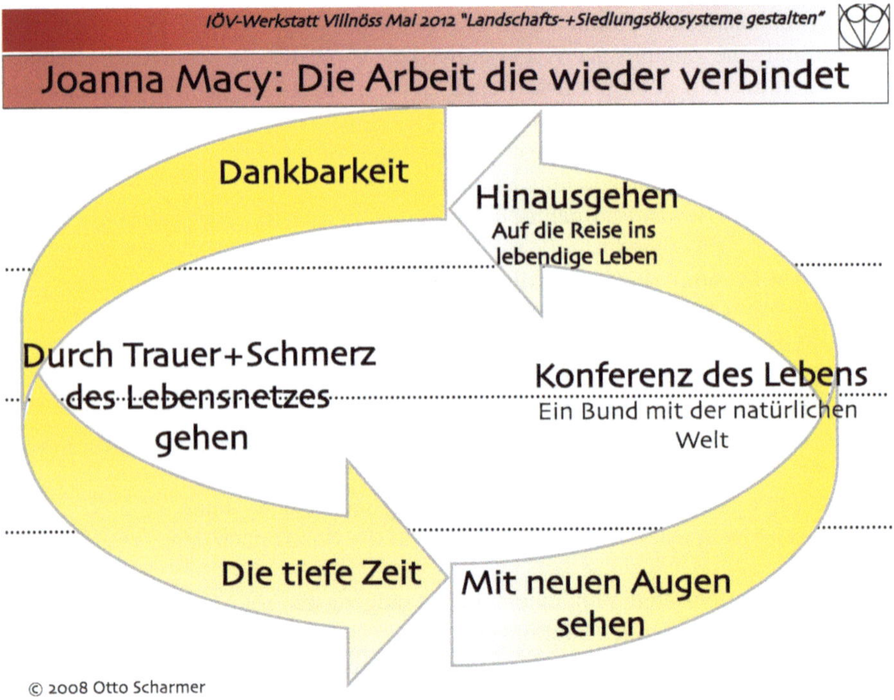

Abb. 3.6 Der spiralförmige Kreislauf der „Arbeit, die wieder verbindet" („The Work That Reconnects") nach Joanna Macy

3.2.4.4 Theorie-U

„Presencing" (Vergegenwärtigen) ist eine Mischung aus den Worten „presence" (gegenwärtig) und „sensing" (Fühlen) und bezieht sich auf die Fähigkeit, das zu erfühlen und in die Gegenwart zu bringen, was dem jeweiligen höchsten zukünftigen Potenzial entspricht – sowohl als Einzelwesen wie auch als Gruppe gesehen.

Theorie-U bietet sowohl einen neuen theoretischen Ansatz als auch eine praktische soziale Technologie. Als theoretischer Ausgangspunkt geht die Theorie U von den Gedanken aus, dass die Art und Weise, in der wir in eine Situation eintreten, bestimmt, wie sich diese Situation entfaltet: Ich bin auf die und die Weise zugegen, deshalb entfaltet es sich auf jene Art und Weise. Als praktische soziale Technologie bietet die Theorie-U eine Reihe von Grundsätzen und Vorgehensweisen, um in Gemeinschaft eine Zukunft zu gestalten, wie sie sich entfalten will (und folgt dabei den Schritten des gemeinsamen Beginns, des gemeinsamen Einfühlens, der gemeinsamen Begeisterung und Leidenschaft, des gemeinsamen Erschaffens und des gemeinsamen Entstehenlassens).

Der Prozess als solcher kann in U-Form dargestellt werden, wo sich im linken oberen Teil des U der Ausgangspunkt für den Prozess findet, gleichzeitig auch der oberflächlichste Stand. Der Bauch des U steht für den tiefsten und begeisterndsten Teil, in dem auch die sich entfaltende Zukunft erfühlt und mitbekommen werden kann. Der rechte Flügel steht für den Schritt der Umsetzung (siehe Scharmer 2007).

3.2.4.5 Kreis

Austausch im Kreis ist ein uralter Brauch, der ohne Unterbrechung bis heute von den Ureinwohnern genutzt und in der Gegenwart auch von verschiedenen Gruppen und zu verschiedenen Zwecken von anderen eingesetzt wird. Immer geht es jedoch um Herzensbeteiligung und Entscheidungen in Übereinstimmung.

Das Wesentliche ist die Haltung, mit Achtsamkeit zu sprechen und zuzuhören sowie für den eigenen Beitrag und Einfluss selbst die Verantwortung zu übernehmen. Grundsätze sind Vertraulichkeit, Verteilung der Zuständigkeiten, wechselnde Führung und das Vertrauen auf einen geistigen Hintergrund. Derjenige, der spricht, erhält die volle Aufmerksamkeit und Achtung der anderen, die nicht unterbrechen und diskutieren, sondern einfach aufmerksam zuhören. Wenn der Sprecher fertig ist, kommt der Nächste im Kreis dran, genauso wie sein Vorgänger, ohne dass er durch Diskussionen unterbrochen wird. Als weiteres Hilfsmittel nutzten die Ureinwohner Amerikas einen Redestab. Mit diesem Redestab erhält derjenige, der spricht, das Recht, so lange sich zu äußern, bis er ihn weitergibt (siehe Baldwin 1998).

3.3 Landnutzung, Gestaltung von Vegetation und Grünflächen

Dietmar Simmering und Annette Otte

3.3.1 Allgemeine Grundlagen

Neben der rein technischen Betrachtung von Vegetation und Pflanzen als Produzenten von Biomasse und Aufnahmefläche für flüssige Reststoffe erfüllt Vegetation vielfältige andere Funktionen in menschlich geprägten Ökosystemen, wie Artenvielfalt, Temperaturausgleich, Wasserspeicherung, ästhetische Gesichtspunkte etc. Besonders in unter ökologischen Gesichtspunkten gestalteten menschlich geprägten Ökosystemen sind dabei aber nicht nur die dem Menschen dienenden Landschaftsfunktionen von Bedeutung, sondern vor allem auch die Bedeutung der Vegetation als Lebensraum für Flora und Fauna.

Ein wesentlicher Punkt ist deshalb die Erhaltung von Biodiversität in natürlichen und naturnahen Habitaten. Die Bedeutung einer im jeweiligen Projektgebiet vorhandenen Vegetation unter Biodiversitätsgesichtspunkten ist dabei jeweils abhängig von den ausgebildeten Vegetationstypen und dem naturräumlichen Kontext des Projektgebiets.

Die Sicherstellung der o. g. Funktionen benötigt vor allem ausreichend Raum für naturnahe Vegetation und Grünflächen in geplanten Systemen.

Grundsätzlich zu unterscheiden sind:

A) naturnahe Flächen als Rückzugsräume von Flora und Fauna. Auch diese Flächen müssen gemanagt werden (Invasionsproblematik, externe Störungen).

B) gestaltete Grünflächen, in erster Linie zum Wohlbefinden des Menschen und zur Optimierung kleinklimatischer Verhältnisse, aber auch zur Verwendung von Grauwasser etc.

In Bildungseinrichtungen und anderen öffentlichen Gebäuden kommen zu den günstigen Wirkungen der Vegetation noch die Vorbild- und Außenwirkung von z. B. Pflanzmaßnahmen sowie Möglichkeiten der Einbeziehung in den Unterricht hinzu. Eine nach ökologischen Kriterien ausgerichtete Grünplanung sollte deshalb immer auch Bestandteil der integrierten Planung von z. B. Umweltgebäuden sein.

3.3.2 Ökosystemare Funktionen und Leistungen von Vegetation

Wissenschaftlich betrachtet, bezeichnet der Begriff Vegetation die Gesamtheit der Pflanzengemeinschaften an einem bestimmten Ort oder in einem bestimmten Gebiet. Der Einfachheit halber verstehen wir hier alle mit Pflanzen bewachsenen Flächen, d. h. den gesamten Grünraum, als Vegetation. Diese gilt es, in menschlichen Ökosystemen sorgfältig unter verschiedenen Gesichtspunkten zu planen und zu bewirtschaften.

Die Vegetation spielt ohne Zweifel eine gewichtige Rolle für die Funktion von Siedlungsökosystemen und liefert auch für das Wohlergehen der Menschen elementare „Dienstleistungen“ (Services). Die fundamentalsten dieser „Leistungen“ sind die Produktion von Biomasse als Nahrungs- und Energiequelle sowie die Freisetzung von Sauerstoff. Aber eine gut entwickelte Pflanzendecke reduziert außerdem auch Hitze, Lärm und Staub. Sie wirkt als Windschutz, fördert die Wasserversickerung und reduziert den oberflächennahen Abfluss. Damit trägt sie wesentlich zum Hochwasserschutz und zur Grundwasserneubildung bei. Neben diesen eher physikalisch-biologischen Eigenschaften der Vegetation und ihrer Bedeutung für das Funktionieren des Ökosystems hat eine qualitativ hochwertige „grüne Umgebung“ auch zahlreiche positive psychosoziale Wirkungen und fördert menschliches Wohlergehen und Gesundheit.

Jeder Typ von Vegetation dient außerdem auch als Lebensraum (Habitat) für Pflanzen- und Tierarten. Vegetation kann somit sowohl als Teil, aber auch als Lebensgrundlage der übrigen Biodiversität gesehen werden. Dies gilt dabei nicht nur in „natürlichen“ oder „halbnatürlichen“ Ökosystemen oder Landschaften, also solchen mit begrenztem menschlichem Einfluss (z. B. Waldreservate oder traditionell bewirtschaftete Agrarlandschaften). Es gilt gleichermaßen für ländliche oder städtische Siedlungsökosysteme. Viele Studien haben gezeigt, dass die Zahl von Vogel- und Pflanzenarten im städtischen Grün höher sein kann als in der die Stadt umgebenden, freien Landschaft. Deshalb ist der Schutz der Biodiversität und die Flora und Fauna schonende Bewirtschaftung und Pflege der Grünflächen auch in Siedlungsökosystemen eine wichtige Aufgabe.

3.3.3 Typen von Grün

Vegetation und Vegetationsflächen dienen unterschiedlichen Ansprüchen und Erfordernissen. In den meisten Fällen bietet sich folgende Typisierung an:

- (fast) natürliche und halbnatürliche Habitate als Lebensraum für Flora und Fauna,
- Landwirtschaftsfläche und Gartenland zur Produktion von Nahrung und Energie,
- öffentliches und privates Grün für Erholung, Freizeit und soziale Aktivitäten.

3.3.3.1 Natürliche und halbnatürliche Habitate

Natürliche und halbnatürliche Lebensräume sind Wälder, Gebüsche und Hecken, Magerrasen und Felskuppen, Feuchtgebiete und Fließgewässer, Quellen, Küsten- und Uferbereiche sowie alle anderen Formen von Vegetation, die nicht sehr stark von menschlichen Aktivitäten beeinträchtigt sind.

Bereits in der Planung sollte die Erhaltung dieser Habitate stets so weit wie möglich angestrebt werden. In einem zu entwickelnden Konzept sollte die zukünftige Pflege und das Management der Flächen festgelegt werden. Diese müssen die spezifischen Anforderungen der betreffenden Habitattypen berücksichtigen. Ökologen sollten einbezogen werden, um den Naturschutzwert zu beurteilen und die spezifischen Pflegeanforderungen der Habitate festzulegen (Lovell und Johnston 2009, siehe unten).

3.3.3.2 Landwirtschaftsflächen

Als Landwirtschaftsfläche werden solche Flächen betrachtet, die zur Erzeugung von einjährigen (z. B. Getreide), mehrjährigen (Bananen, Erdbeeren) oder ausdauernden Kulturen (Obstbäume) verwendet werden. Außerdem gehören Flächen, auf denen Futter für Nutztiere wächst (Wiesen, Weiden, Feldfutter), sowie Rotationsbrachland dazu.

Vielgestaltige, traditionelle Agrarlandschaften erfüllen viele Ökosystem-Dienstleistungen und haben hohe Anteile von halbnatürlichen, nicht unmittelbar der Produktion dienenden Habitaten, die als wichtige Lebensräume für eine angepasste, artenreiche Flora und Fauna dienen (Perfecto et al. 2009). Die moderne Intensiv-Agrarwirtschaft dagegen basiert auf einem hohen Einsatz von Nährstoffen und Pestiziden, der sich weltweit zunehmend negativ auf die Boden-, Grundwasser- und Oberflächenwasserqualität auswirkt. Sie bringt einfach strukturierte Landschaften mit großen Bewirtschaftungseinheiten (Feldern) und eine minimale Ausstattung mit nicht zur Produktion vorgesehenen Flächen mit sich. In vielen Agrarlandschaften hat die Modernisierung der Landwirtschaft dadurch zu einem starken Rückgang der Biodiversität geführt. Die verbliebenen Arten drängen sich an den Ackerrändern und den wenigen, nicht zur Intensiv-Produktion genutzten Restflächen (cf. Bianchi et al. 2006). In ländlichen Ökosystemen bedeckt die Landwirtschaft in der Regel noch große Flächen. In peri-urbanen Räumen ist dagegen weltweit der Verlust von Landwirtschaftsfläche durch Urbanisierung ein Hauptkonflikt.

Eine holistische Planung für urbane und ländliche Siedlungsökosysteme sollte deshalb auf die Bewahrung von Landwirtschaftsfläche und die Förderung einer extensiven Landwirtschaft mit geringem Einsatz von synthetischen Düngern und Pestiziden abzielen. Zahlreiche Studien haben dabei gezeigt, dass organischer Landbau die Umweltrisiken in Bezug auf die natürlichen Ressourcen minimiert und die Artenvielfalt in der Agrarlandschaft fördert.

3.3.3.3 Öffentliches und privates Grün – Urbane Lebensräume

Wie zuvor erwähnt, können wir in vielen urbanen Räumen eine große Zahl an Pflanzen- und Tierarten beobachten; und dies sogar ohne eine nennenswerte Fläche naturnaher Lebensräume im Stadtgebiet. Ein Grund für dieses Verbreitungsmuster ist darin zu sehen, dass Städte eine große Zahl an über die Jahrhunderte absichtlich oder unabsichtlich vom Menschen eingeführten Arten beherbergen. Eine sogar größere Zahl an Arten hat sich über die Jahrhunderte und Jahrtausende an die vom Menschen geschaffenen, urbanen Lebensräume angepasst. Andere wiederum wanderten aus Lebensräumen und Gebieten ein, die ähnliche Voraussetzungen bieten, wie die neu geschaffenen Siedlungslebensräume (z. B. Felswand-bewohnende Wanderfalken auf den Dächern von Wolkenkratzern; Grasland-bewohnende Pflanzenarten in Parkwiesen). Nahezu alle städtischen Flächen haben dadurch potenziell die Möglichkeit, als Lebensraum für eine angepasste Flora und Fauna zu dienen. Ökologen unterscheiden daher auch verschiedene „urbane Lebensraumtypen". Und Stadtbiotope.

3.3.4 Vorgehen beim Vegetationsmanagement

3.3.4.1 Allgemeines zum Vorgehen

Grundsätzlich ist es wichtig, zu Beginn der Planung von Siedlungsprojekten die zur Verfügung stehenden „Freiflächen" unter Einbeziehung des landschaftlichen Kontextes hinsichtlich der lokalen und regionalen Bedeutung für die Biodiversität landschaftsökologisch und -planerisch zu bewerten.

Erster Schritt ist die Durchführung einer Bestandsaufnahme von Flora und Vegetation, falls möglich auch der Fauna, die in ihrem Umfang den jeweiligen Verhältnissen angepasst werden muss. Hilfreich ist die Einbeziehung lokaler Experten und der lokalen Bevölkerung.

Die Bewertung des Naturschutzwertes und der Gefährdung erfolgt wiederum unter Berücksichtigung von Expertenwissen (unter Einbeziehung lokaler Experten) und der relevanten Literatur.

Aus den Befunden, der Bewertung und dem gemeinsam erarbeiteten Leitbild leiten sich die nötigen Planungs- und Managementmaßnahmen ab, die wieder mit den Beteiligten in einem wechselseitigen Prozess diskutiert und festgelegt werden müssen. Priorität sollten dabei fachliche Belange haben, jedoch sind in den meisten Fällen Kompromisse nötig.

3.3.4.2 Berücksichtigung des Klimawandels

Das Management von Vegetation muss sich nach den jetzigen und zukünftigen örtlichen Verhältnissen richten, insbesondere denen des Klimas.

Erläutert am Beispiel der Valley View University bedeutet dies: Bereits heute ist dort das semiaride Klima verändert in Richtung höherer Variabilität („trockene“ Regenzeiten, „nasse“ Trockenzeiten), die Prognosen für das zukünftige Klima bedeuten geringere Niederschläge und höhere Temperaturen.

Mögliche Strategien für Siedlungsökosysteme im semiariden Klima sind:

- günstige Beeinflussung des Mikroklimas durch Baumpflanzungen,
- Verwendung trockenheitstoleranter Arten,
- Bewässerung durch Regen- oder Grauwasser (auch der Landwirtschaft),
- Erhaltung von Beständen natürlicher Vegetation.

3.3.4.3 Richtlinien im Vegetationsmanagement

Die Unersetzlichkeit eines gut geplanten und gepflegten Grünraums für die Nachhaltigkeit von urbanen und ländlichen Systemen rückt weltweit zunehmend in das Bewusstsein (Greenkeys Team 2008). Leider spiegelt sich dies nicht unbedingt in der derzeitigen Entwicklung wider. Eine rapide Urbanisierung verursacht weltweit den Rückgang von Freiflächen und Vegetation in alarmierender Weise (Gairola und Noresah 2010). Da es sich bei Grünraum um ein wichtiges öffentliches Gut handelt, ist es wichtig, dass Vegetationsmanagement eine größere Bedeutung in der Stadtplanung und -entwicklung bekommt. Besonders bei ökologischen und holistischen Planungsansätzen ist es dabei erforderlich, nicht nur die positiven Wirkungen des Grünraums für den Menschen in Betracht zu ziehen. Seine Bedeutung als Lebensraum für Flora und Fauna ist ebenfalls sorgfältig zu berücksichtigen.

Ein holistischer Ansatz im Design von Siedlungsökosystemen sollte deshalb zwei Richtlinien bei der Vegetations- und Freiraumplanung befolgen:

- Planung, Nutzung und Pflege sollten darauf zielen, die Regulationsfunktionen der Vegetation für die natürlichen Elemente im Siedlungsökosystem (Böden, Wälder, Feuchtgebiete etc.) zu optimieren. Zu berücksichtigen sind z. B. die Bedeutung des Energie- und Nährstoffaustauschs, die Kühlungs-, Kohlenstoff- und Wasserspeicherfunktionen etc.
- Planung, Nutzung und Pflege sollten die verschiedenen Bedürfnisse der Bewohner sicherstellen (z. B. Energiequelle, Erholung), ohne die Anforderungen von Flora und Fauna an ein nachhaltiges Biodiversitätsmanagement zu gefährden.

3.3.4.4 Den Landschaftszusammenhang betrachten

Alle Ökosysteme interagieren über die Elemente Luft, Erde, Wasser, Feuer und die Stoffkreisläufe mit den benachbarten Systemen. Sie werden beeinflusst, aber sie beeinflussen auch ihre Umgebung. Dies gilt im Besonderen auch für die Lebensräume von Tieren und Pflanzen Für die Beurteilung des Naturschutzwertes von natürlichen und halbnatürlichen Lebensräumen in einem Projektgebiet ist es deshalb besonders wichtig, den Landschaftszusammenhang (Landschaftskontext) im näheren und weiteren Umfeld in Betracht zu ziehen.

Zusätzlich zu der Topografie, der Hydrologie, den Böden und anderen biophysikalischen Landschaftseigenschaften, die für das ökologische Design eines Siedlungsökosystems herangezogen werden, ist daher auch ein solides Wissen über die Verbreitungsmuster der vorkommenden Lebensraumtypen (und der sie bewohnenden Arten) in der Landschaft erforderlich. Diese Betrachtung muss neben der näheren und weiteren Umgebung verschiedene räumliche Skalen berücksichtigen, bis hin – z. B. bei der Beurteilung der Seltenheit von Arten – zur nationalen Ebene.

Expertenwissen, die Ortskenntnis lokaler Experten, Literaturrecherchen, Landnutzungskarten und Satellitenbilder sind die grundlegenden Informationsquellen in dieser Phase der Vorplanung. GIS-Anwendungen dienen in der Regel zur Datenverarbeitung und Erstellung verschiedener Informations-Layer.

Beispiel

In einem Projektgebiet kann ein Waldrest von wenigen Hektaren Größe als einfaches Beispiel dienen, die Bedeutung des Landschaftskontextes zu illustrieren. Waldflächen erfüllen generell zahlreiche Funktionen für das Ökosystem (Wasserspeicher, saubere Luft etc.), ihr Naturschutzwert hängt jedoch stark von der Umgebung ab. Er ist besonders hoch, wenn das Siedlungsökosystem mit der Waldfläche in einem stark (peri-)urbanisierten Raum mit keinen oder wenigen anderen natürlichen Habitaten liegt. Aufgrund der Seltenheit von Wald im Gebiet wäre diese Waldfläche als Rückzugsraum für Waldarten vermutlich von großer naturschutzfachlicher Bedeutung. Eine ebenso große Waldfläche dagegen, die am Rande einer Kleinstadt in einem waldreichen Gebiet liegt, hätte einen vermutlich viel geringeren Naturschutzwert. Aufgrund der zunehmenden Urbanisierung weisen heute allerdings die wenigsten urbanen und peri-urbanen Siedlungsökosysteme ausreichende Flächen von natürlichen und halbnatürlichen Lebensräumen auf.

3.3.4.5 Lebensraumqualität und Renaturierung

Lebensraumqualität und Renaturierung sind weitere wichtige Aspekte im Grünflächenmanagement. In Siedlungsökosystemen sind bislang erhaltene, natürliche oder halbnatürliche Lebensräume oftmals durch unangemessene Pflege oder Übernutzung stark degradiert. Diese Problemlage wird häufig erschwert durch die Einwanderung unerwünschter, problematischer Arten. Renaturierungstechniken (nachhaltige Pflegekonzepte, Wiederaufforstung, Samenübertragung etc.) können dazu dienen, die Lebensraumqualität wiederherzustellen oder zu verbessern.

3.3.4.6 Lebensraumverbund

Zusätzlich zur Fläche und Qualität von Lebensräumen bzw. Habitaten ist auch ihre funktionale Bedeutung in Betracht zu ziehen. In ländlichen Siedlungen und in der Agrarlandschaft finden wir häufig einen Verbund, ein Netzwerk von Heckenstrukturen. Die Gesamtfläche dieser Hecken mag zu vernachlässigen sein, aber ihre funktionelle Bedeutung für den Austausch und die Verbreitung von Arten ist nicht hoch genug einzuschätzen. Es kann als Faustregel betrachtet werden, dass die Bedeutung von linearen Strukturen, die nur einem geringen bis moderaten menschlichen Einfluss unterliegen, für die Biodiversität generell sehr groß ist. Sie sind nicht nur Lebensraum für spezialisierte Arten, sondern stellen auch Rückzugsräume und

Korridore für bewegliche und wandernde Arten innerhalb der für sie sonst lebensfeindlichen Umgebung aus Agrarflächen dar.

Im städtischen Umfeld können Parks und Stadtgärten in Wohnsiedlungen potenziell einen wichtigen Beitrag zum Lebensraumverbund leisten. Dies setzt allerdings eine geeignete Lebensraumqualität voraus, die durch eine an Naturschutzzielen angepasste Pflege erzielt werden kann.

3.3.4.7 Nutzung und Pflege sind entscheidend

Es ergibt sich aus den oben genannten Zusammenhängen, dass alle Vegetationstypen, inklusive der Landwirtschaftsfläche und der städtischen Grünflächen, potenziell für wildlebende Tier- und Pflanzenarten und ihren Lebensgemeinschaften als Lebensraum dienen können.

Für einen holistischen Ansatz folgt daraus, dass dieses Potenzial im Design und im Management des Siedlungsökosystems bereits berücksichtigt werden muss. Allerdings hängt es letztendlich von der individuellen Pflege und Nutzung der Grünflächen ab, ob ihr Lebensraumpotenzial ausgeschöpft werden kann. Oftmals sind nur kleine Änderungen der Pflegepraxis notwendig, um die Lebensraumqualität für wildlebende Tiere und Pflanzen zu verbessern. Diese können in der Regel auch ohne Einschränkung für die Anforderungen der Menschen umgesetzt werden.

Für landwirtschaftliche Flächen ist aus oben genannten Gründen die Einführung des organischen Landbaus zu empfehlen. Allerdings lässt sich auch unter Beibehaltung konventioneller Bewirtschaftung die Lebensraumqualität für wildlebende Tiere und Pflanzen erheblich verbessern. Bereits ein geringerer Input von Düngern und Pestiziden in Teilbereichen (De-Intensivierung, z. B. an den Rändern der Flächen) kann schon einen wichtigen Beitrag leisten. Auch die Wiederherstellung von kleineren, halbnatürlichen Landschaftselementen zur Vernetzung von Lebensräumen (siehe Lebensraumverbund) innerhalb der Matrix aus Agrarflächen ist eine effektive Maßnahme, um die Biodiversität der Agrarlandschaft zu fördern.

Im städtischen Grün sind z. B. die Reduktion der Mahdhäufigkeit in Teilbereichen von Rasenflächen, der Verzicht auf Pestizideinsatz, die Erhaltung alter Bäume und Gebüsche sowie die Anpflanzung von geeigneten Bäumen neben anderen Maßnahmen sehr gut geeignet, um die Lebensraumqualität zu verbessern (z. B. Lyle 1999).

3.3.4.8 Beteiligung relevanter Personengruppen

Naturnahe Lebensräume, Landwirtschaftsflächen und städtische Grünflächen werden üblicherweise von den unterschiedlichsten Nutzergruppen beansprucht und genutzt.

Bei Entwicklungsprojekten, die auch größere Grünflächen umfassen, ist es daher unbedingt nötig, alle relevanten Personen und Gruppen bereits in einer frühen Planungsphase einzubeziehen, um Nutzungskonflikte frühzeitig diskutieren und bewerten zu können. Gleichzeitig muss auch bereits eine Analyse und Bewertung der vorhandenen Flora, Fauna und Vegetation erfolgen.

Die Ergebnisse dieser Bewertung definieren den Bereich von Gestaltungsmöglichkeiten, die dem Kunden vorgeschlagen werden können. Diese sollten in einem interaktiven Prozess diskutiert werden, um ein Einvernehmen über die Hauptaspekte der nachhaltigen Entwicklung im Bereich des Vegetationsmanagements zu erzielen.

3.3.5 Folgerungen

Die Sicherstellung ökosystemarer Dienstleistungen und Funktionen von Grünflächen – der Vegetation – ist eines der Hauptprinzipien ökologischer Planung (Lyle 1999). Es ist dabei offensichtlich, dass im Design von Siedlungsökosystemen eine angemessene Fläche für Grünraum reserviert sein muss. Der Schutz von natürlichen und halbnatürlichen Lebensräumen/Habitaten/Biotoptypen ist dabei eine vorrangige Anforderung, welche stets unter Berücksichtigung des Landschaftszusammenhangs (Landschaftskontexts) diskutiert und bewertet werden muss.

Eine genaue Beurteilung und Bewertung der Schutzwürdigkeit natürlicher Ressourcen – inklusive der Biodiversität – ist deshalb gleich zu Beginn eines Entwicklungsprojektes von Ökologen zu leisten (vgl. Umweltverträglichkeitsprüfung, Umweltbericht, siehe auch Iaia 2005, 2010 für weiterführende Literatur). Agrarland und städtisches Grün können jeweils durch einen gut durchdachten Biotopverbund und eine angepasste, naturfreundliche Bewirtschaftung deutlich aufgewertet werden. Bei der integrierten Planung von kleineren Objekten ist es gleichermaßen wichtig, die geplanten Grünflächen nach den oben beschriebenen ökologischen Prinzipien zu planen und zu pflegen. Um die Nachhaltigkeit der Planungen sicherzustellen, ist es unbedingt erforderlich, die Nutzer und Eigentümer frühzeitig einzubinden.

3.4 Stoffstrommanagement

Gunther Geller

3.4.1 Allgemeine Grundlagen

Die Gestaltung der Stoffflüsse muss den allgemeinen ökologischen Grundsätzen folgen. Das bedeutet, unnötige Importe und Exporte möglichst klein zu halten, Stoffe im System möglichst effektiv und vielfach zu nutzen, die Kreisläufe möglichst geschlossen zu halten und Synergieeffekte zu nutzen. Die Folge davon ist eine relative Autarkie, die allerdings in menschlichen Ökosystemen, wie Städten und Dörfern, nicht das Ausmaß erreicht wie in den meisten natürlichen oder naturnahen Ökosystemen. Aber jeder Schritt in diese Richtung wird ein Schritt dahin sein, die Bedürfnisse der menschlichen Systeme und diejenigen der natürlichen Systeme anzugleichen.

Bei den Überlegungen zur Gestaltung von Stoffströmen steht oft ein bestimmter Stoff, meist Wasser, im Vordergrund. Entscheidend ist jedoch, dass die Stoffströme im Systemzusammenhang gesehen werden, insbesondere auch mit der Flächennutzung. Dazu müssen die einzelnen Schritte vor der Umsetzung, also Analyse, Bewertung und Planung der Stoffströme, immer im Austausch mit den anderen Elementen des Ökosystems, den anderen Beziehungen und Funktionen und allen Beteiligten ständig interaktiv abgestimmt werden.

3.4.2 Vorgehen beim Stoffstrommanagement

Der erste Schritt zur Bewertung der Stoffströme muss eine umfassende Analyse der Stoffflüsse sein, einschließlich der Zufuhren, der Ausfuhren und der internen Kreisläufe. Das ergibt einen ersten Hinweis darauf, wo das System nicht ausbalanciert und verletzlich ist. Bei Siedlungssystemen ist hinsichtlich Nachhaltigkeit der Fluss von Wässern (Regenwasser, Grauwasser, Urin, Abwasser usw.) und organischen Materialien (Fäkalien, organischer Abfall) am wichtigsten. Hier muss die Analyse zwischen den verschiedenen Produzenten und Konsumenten unterscheiden, zwischen den natürlichen (Menschen, Tiere) und technischen (Maschinen, Gebäude).

Bei den verschiedenen Siedlungsökosystemen unterscheiden sich hinsichtlich der Stoffströme auch die Zellen in Produzenten, Konsumenten oder Reduzenten: So sind z. B. Verwaltungsgebäude Produzenten von Regenwasser (deren Dachfläche es ermöglicht, mehr Regenwasser zu sammeln, als in diesen Gebäuden selbst gebraucht wird), Wohngebäude sind Produzenten von Grauwasser und gleichzeitig Konsumenten von Regenwasser oder Brauchwasser, ebenso wie die landwirtschaftlichen und die gärtnerischen Flächen.

Alle Zellen zusammen ergeben das Gesamtbild für das gesamte Siedlungsökosystem. Der Zu- und Abfluss gibt einen Eindruck über die Rahmenbedingungen, die Autarkie des Systems und erste Hinweise auf evtl. notwendige Maßnahmen, aber auch auf allgemeine Entwicklungsgrenzen.

Sehr hilfreich sind dazu die Darstellung der Stoffströme für den Ausgangszustand des Siedlungsökosystems bei Projektbeginn sowie die Hochrechnung für bestimmte Zwischenstadien der Entwicklung und das voraussichtliche oder festgelegte Endstadium unter einigen wichtigen Randbedingungen und Annahmen.

Diese Hochrechnungen können dann im Zusammenhang mit den anderen Einflussfaktoren, Funktionen und Gesichtspunkten als mögliche Szenarien genutzt werden. Dabei sollte eine Beschränkung auf einige wenige und von der Umsetzbarkeit einigermaßen vergleichbare Szenarien erfolgen. Für diese sollten die Vor- und Nachteile auch hinsichtlich der Umsetzung und des künftigen Betriebs aufgestellt werden. Damit kann dann unter den Beteiligten abgeklärt werden, welche der Lösungen für die örtlichen Beteiligten und das örtliche Ökosystem als die Beste erscheint, die dann zur Grundlage für weitere Planung und Entwicklung gemacht wird. Dies fließt dann wiederum in den ökologischen Gesamtplan ein.

Einer der wichtigsten Stoffflüsse ist der Wasserkreislauf; dessen Gestaltung stellt ein besonders gutes Beispiel für das Stoffstrommanagement insgesamt dar.

3.5 Gestaltung von Wasserkreisläufen

Laurent Richard und Reinhard Perfler

3.5.1 Allgemeine Grundlagen

Das Wassermanagement urbaner und ländlicher Gebiete hat im Wesentlichen vier Ziele:

- sicherer Zugang zu Wasser mit Trinkwasserqualität,
- sicherer Zugang zu Abwasserableitung und Abwasserreinigung,
- Sicherstellung von Hochwasserschutz, Niederschlagswassermanagement,
- Vermeidung der Verschmutzung von Wasserressourcen.

Wasser wird für den Haushaltsbedarf, in der Landwirtschaft und in der Industrie genutzt. Die Verfügbarkeit von Wasser in ausreichender Menge und mit ausreichender Qualität ist die Grundlage für das Gemeinwohl und die gesellschaftliche, wirtschaftliche Entwicklung. Die erforderliche Wasserqualität hängt von der Art der geplanten Nutzung ab. Die ausreichende Qualität von Trinkwasser beispielsweise hängt von mikrobiologischen, physikalischen und chemischen Eigenschaften ab. Es dürfen bestimmte Konzentrationen chemischer Stoffe, wie etwa Nitrat, nicht überschritten werden und keine unmittelbar gesundheitsschädlichen Bestandteile, wie pathogene Mikroorganismen, enthalten sein. Die Anforderungen an die Qualität von Trinkwasser sind in den Richtlinien der Weltgesundheitsorganisation (WHO DWQG 2006) festgelegt. Die WHO hat auch Richtlinien für die sichere Nutzung von Abwasser, Fäkalien und Grauwasser und für die Nutzung von Wasser zur Bewässerung veröffentlicht. Die sichere Wasserversorgung und Abwasserentsorgung ist von größter Bedeutung und sollte in Form eines Wassersicherheitsplans beurteilt und verwaltet werden.

Auf Basis dieser generellen Anforderungen soll die praktische Umsetzung vor Ort durch spezifische Anpassungen, die die lokalen Randbedingungen berücksichtigen, unterstützt werden. Die lokalen und regionalen Randbedingungen müssen insbesondere bezüglich Mengenverfügbarkeit und Qualität potenzieller Wasserressourcen (Oberflächengewässer, Grundwasser, Regenwasser, Wasserwiederverwendung) berücksichtigt werden. Eine sichere und nachhaltige Wasserbereitstellung für die Gemeinschaft kann durch die Einführung von wasserwirtschaftlichen Maßnahmen, welche sich auf die Nachhaltigkeit der Ressourcen, das Bedarfsmanagement, die effiziente Nutzung und die Wiederverwendung konzentrieren, gewährleistet werden. Wichtige Voraussetzungen für die erfolgreiche Realisierung sind die Bewusstseinsbildung der Öffentlichkeit und des Konsumenten, die Entwicklung eines organisatorischen und institutionellen Gerüsts und von Überwachungs- und Unterstützungsprogrammen für Maßnahmen und Anlagen.

Das generelle Ziel eines effizienten Umgangs mit der Ressource Wasser ist vordringlich in Gebieten mit Wasserknappheit. Die Grundlage für eine mengeneffiziente Wasserversorgung ist die Überwachung der in das Verteilsystem eingespeisten Wassermenge. Wasserzähler an Schlüsselstellen des Verteilungssystems und an der Konsumentenseite geben wichtige Informationen zur Wasserbilanz zwischen Einspeisung und Wasserverbrauch. Sie helfen, Wasserverluste zu lokalisieren und zu identifizieren. Die Einführung Wasser sparender Technologien beim Konsumenten, wie etwa Toiletten mit Wasser sparender Spülung oder Wasser sparender Duschköpfe, ist ein Kernpunkt für die Reduktion des Wasserbedarfs und benötigt Bewusstseinsbildung sowie gute Kommunikation und Information auf der Konsumentenseite. Die Akzeptanz der Gemeinschaft gegenüber derartigen Technologien muss auf jeden Fall vor der Umsetzung geprüft und gegebenenfalls gefördert werden.

Für das Wohl der Gemeinschaft muss nicht nur ein sicherer Zugang zu Wasser, sondern auch eine gesicherte Abwasserentsorgung gewährleistet sein. Abwasser muss entsorgt werden, um die menschliche Gesundheit zu garantieren. Schlechte hygienische Bedingungen durch eine unzureichende Entsorgung können zum Ausbruch schwerer Erkrankungen und Epidemien führen. Die Maßnahmen zur Abwasserbeseitigung können auf verschiedenen Methoden beruhen:

- Konventionelle zentralisierte Systeme, welche aus der Kombination einer Kanalisation mit einer Abwasseraufbereitungsanlage bestehen. Das Abwasser wird in diesem Fall über Rohrsysteme gesammelt, gereinigt und in der Regel in einen Wasserkörper eingeleitet.
- Für nachhaltige menschliche (vom Menschen geschaffene) Ökosysteme sollte aber ein anderes Abwasserentsorgungssystem eingeführt werden. Der wesentliche Unterschied dabei ist, dass das Abwasser nicht als Abfall, sondern vielmehr als eine potenzielle Ressource gesehen wird. Abhängig von seinem Ursprung enthält Abwasser zwar einerseits unerwünschte Bestandteile (z. B. pathogene Mikroorganismen), aber andererseits auch nützliche Bestandteile (z. B. Nährstoffe). Abwasser kann so gesammelt und behandelt werden, indem unerwünschte Bestandteile entfernt werden und es für verschiedene Zwecke (unter anderem Bewässerung) wiederverwendet werden kann.

Kreislauforientierte Siedlungshygienekonzepte beruhen generell auf einer getrennten Sammlung verschiedener Abwasserfraktionen. Um die Abwasserwiederverwendung zu unterstützen, werden Urin und Fäkalien üblicherweise getrennt. Einfache Aufbereitungsanlagen können lokales Material nutzen und in lokale Gegebenheiten integrieren. Kreislauforientierte Siedlungshygienekonzepte haben die Absicht, die natürlichen Wasser- und Nährstoffkreisläufe zu schließen. Da solch ein Kreislauf idealerweise so kurz wie möglich ist, werden Wasserversorgungs- und Abwasserentsorgungssysteme menschlicher Ökosysteme oft dezentral ausgeführt. Sicherheit bezüglich vom Wasser übertragbarer Krankheiten muss eine Grundvoraussetzung für die Auslegung und den Betrieb von Anlagen sein. Kreislauforientierte Siedlungshygienekonzepte sollten außerdem Wasserverschmutzung verhindern. Schutzgebiete für die Trinkwassergewinnung sollen daher die derzeitige und zukünftige Verwendung von Wasserressourcen sicherstellen. Schlussendlich muss auch der Hochwasserschutz so gut wie möglich in die existierende Landschaft integriert werden.

Um die in Abb. 3.7 genannten Ziele des Wassermanagements zu erreichen, können auch andere Lösungswege gefunden werden. Diese Lösungen basieren üblicherweise auf Technologien, der Einführung von Managementpraktiken und auf guter Zusammenarbeit mit der Gemeinschaft.

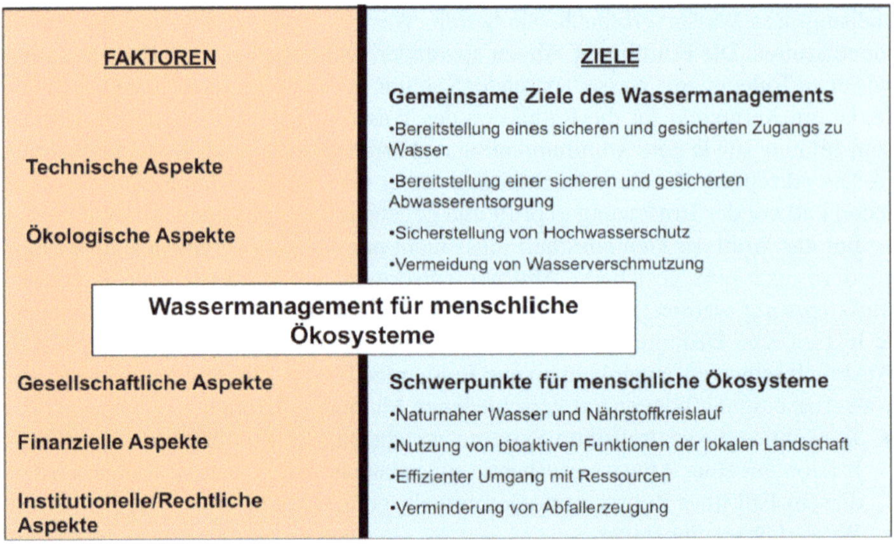

Abb. 3.7 Wassermanagement für menschliche Ökosysteme

3.5.2 Vorgehen beim Wassermanagement

In einem ersten Schritt müssen in Zusammenarbeit mit Interessensvertretern und Konsumenten die Probleme und Entwicklungsziele definiert werden. Für eine bessere Identifizierung und Formulierung von Erwartungen und Einschränkungen müssen ökologische, gesellschaftliche, institutionelle, rechtliche, technische und finanzielle Aspekte beachtet werden. Im Bereich des Wassermanagements darf nicht vergessen werden, die Lösungen dem lokalen Bedarf anzupassen und in den lokalen Kontext einzubetten.

Obwohl die Notwendigkeit der Ressource Wasser für die Entwicklung und Existenz einer Gesellschaft selbstverständlich ist, muss man sich doch der wichtigen Arbeit bewusst sein, die nötig ist, um eine Wasserversorgung zu errichten, zu betreiben und zu erhalten. Diese hängt nicht nur von der technischen oder physikalischen Infrastruktur, sondern auch sehr stark von menschlichen, institutionellen und organisatorischen Ressourcen ab.

Der nachhaltige Betrieb von Wasserversorgungsanlagen ist von finanziellen Aspekten wie Kostendeckung abhängig. Sowohl Investitionskosten als auch Betriebs- und Wartungskosten müssen gedeckt werden, um den Fortbestand einer Versorgung hoher Qualität zu sichern. Aus diesem Grund müssen Planer und Entscheidungsträger die Zahlungsbereitschaft und -fähigkeit der Gemeinschaft berücksichtigen.

Zum Schluss muss die Angemessenheit der gewählten Methoden überprüft werden: Behandelt die Methode wirklich das vorhandene Problem? Welche Vorteile bringt die Methode? Ist die Methode nachhaltig? Wird die Installation von der

Gemeinschaft/den Nutzern angenommen? Welche Auswirkungen kann die Durchführung haben? Ist die Durchführung ökonomisch machbar? Etc. Die Vor- und Nachteile jedes Lösungsweges sollten von den Interessensvertretern abgewogen werden. Um den Prozess zu vereinfachen, können Indikatoren und Kriterien zur Ausführung, Sicherheit, zu den ökologischen Auswirkungen und den Kosten verwendet werden.

3.6 Ökologisches Bauen

Detlef Glücklich

3.6.1 Auswahl von Teilgebieten

Werden zunächst die fachlichen Inhalte in Teilgebieten untersucht, so können Teillösungen von den einzelnen Fachleuten übersichtlich und gründlich für sich diskutiert werden. Anschließend müssen diese Lösungen dann im Team schrittweise zu einer Gesamtlösung geführt werden. Fachliche Teilgebiete sollte man nach üblichen Fachgebieten wie Energie, Wasser, Frei-/Grünraum, Mobilität, soziale und kulturelle Gestaltung usw. wählen.

3.6.2 Teilgebiete

3.6.2.1 Energie

Der Energieverbrauch wird als Schlüsselbereich für eine nachhaltige Gestaltung unserer Umwelt angesehen. Leitziel ist die weitgehende Verwendung erneuerbarer Energien, was zurzeit nur mit wesentlicher Energieeinsparung zu erreichen ist. Hierbei ist eine mögliche Zelle immer das Gebäude und sein Umfeld, ein Restenergiebedarf muss meist in einem größeren Rahmen (Zellenverband) betrachtet werden, meist durch ein elektrisches Netz, dessen Funktion weitgehend von der Zelle „Gebäude" getrennt werden kann.

Für den Entwurf und die Konstruktion von Gebäuden ist das Handwerkszeug weitgehend bekannt: Energieverluste im Heizfall und Kühlverluste im Kühlungsfall können minimiert werden durch:

- Bauform,
- Dämmung und Lüftung,
- passive und aktive Sonnenenergienutzung,
- natürliche Kühlung durch gezielte Durchlüftung,
- Pflanzen,
- Tag- und Nachtausgleich,
- Erdreichregister u. Ä.

Die Minimierung des Energieverbrauches reicht allerdings nicht aus, um das Teilgebiet Energie abzuarbeiten. Er wird von vielen anderen Parametern bestimmt.

Der Klimawandel wird meist in direktem Zusammenhang mit dem Energieverbrauch und dem CO_2-Aufkommen gesehen. Ripl (2003) weist jedoch auf den vorwiegenden Einfluss der globalen Kühleffekte ganz unterschiedlicher Art hin, die ganz wesentlich an die Bioaktivität gekoppelt sind. Sie führt zudem zur Speicherung des Nutzstoffs CO_2. Der bioaktive Freiraum („Grünraum") ist wichtig für das Mikroklima im Gebäudeumfeld und darüber hinaus im gesamtem Ökosystem.

Die graue Energie nimmt auch auf die Stoffe Einfluss – dies wird meist im Gebäudebereich jedoch überbewertet. Hier sind die gesamten Stoffflüsse zu betrachten – es ist nicht allein eine CO_2-Betrachtung durchzuführen.

Die Art der Mobilität (Verkehr) hat großen Einfluss auf den Energieverbrauch. Schon bei dem relativ einfachen Gesichtspunkt Energie wird die komplexe Vernetzung der Abhängigkeiten sichtbar, die bei der Erarbeitung ökologischer Gesamtkonzepte abgearbeitet werden muss. Mit intelligenten örtlichen Energiekonzepten können Kosten eingespart werden, die Versorgung kann stabilisiert und damit die Sockelqualität erhöht werden.

3.6.2.2 Stoffe

Wesentliches Leitziel ist die nachhaltige Schließung der Stoffkreisläufe sowie die nachhaltige Bewirtschaftung der endlichen Ressourcen – und zwar in der kurzfristigen Betrachtung des täglichen Lebensrhythmus (Nährstoffe, Verbrauchsgüter) sowie in der langfristigen Betrachtung wie z. B. dem Bau von Gebäuden und der Infrastruktur.

In kleinen Zellen wie Gebäuden ist beim Bau auf den Einsatz entsprechender Stoffe zu achten, die sinnvolle Wahl der Stoffe kann jedoch erst im größeren Gesamtkreislauf bewertet werden. Da wir zurzeit verschwenderisch mit den Ressourcen umgehen, ist die Reduzierung des Materialeinsatzes und die Verwendung „kreislauffähiger" Stoffe grundsätzlich auch ohne Kreislaufuntersuchungen anzustreben, einseitige CO_2-Optimierungen sind von der Datenbasis und der Kreislaufwirkung her problematisch. Mit einer intelligenten Stoffkreislaufführung werden u. a. Ressourcen, Energie und Transportwege eingespart; damit wird in der Folge die Sockelqualität verbessert.

3.6.2.3 Wasser und Nährstoffe

Ein weiteres wichtiges Leitziel ist ein nachhaltiger örtlicher Wasserkreislauf, der kleinzellig und im Gesamten zu verwirklichen ist. Mit einem funktionierenden Wasserkreislauf können viele Einzelziele erreicht werden: Hohe Bioaktivität und damit Klimaausgleich (Kühlungswirkung im Mikro- und Macrobereich), Wasserretention und damit Sicherung der Ressourcen insbesondere des Grundwassers und der Nährstoffe, Nährstoffkreislauf mit hoher Ressourcennutzung, verbesserte landwirtschaftliche Produktion auf nachhaltiger Basis etc.

Der Wasserkreislauf kann innerhalb von Gebäuden aufgebaut werden (Kleinzelle), z. B. durch Regenwassernutzung, Wasserspartechniken und Wasserrecycling, Urinseparierung u. Ä. Gebäude werden zum Lieferanten von Wasser und Nährstoffen, die auf kurzem Weg in den örtlichen Kreislauf geführt werden sollten. Hierdurch wird die End-of-Pipe-Strategie durchbrochen, wodurch sich die Infrastruktur nachhaltig und preiswert entwickeln kann. Wasser außerhalb der Gebäude sollte weitgehend im bioaktiven Raum, also nahe der Oberfläche geführt werden.

Nur durch eine intelligente Wasserkreislaufführung in der Kulturlandschaft kann können deren nachhaltige Funktion und damit das Überleben der Menschheit gesichert werden. Hier ist das weltweit wichtigste Problem im Umweltbereich anzugehen.

3.6.2.4 Vegetation und Landwirtschaft

Dieses Teilgebiet ist eng mit dem Wasserhaushalt verbunden – wie oben erläutert. Es ist aber auch sehr stark von der Mobilität beeinflusst, da Verkehrswege die Vegetation durchschneiden und ihre Vernetzung erschweren. Es müssen Zellen geschaffen werden, die in sich eine stabile Vegetation ermöglichen, und zwar möglichst unterschiedlicher Art, damit sie in der Vernetzung ein vielfältiges Ökosystem ergeben. Ein Teil der Zellen dient z. B. der Produktion von Nutzstoffen unterschiedlicher Art, wie Gärtnereiprodukte, Zierpflanzen, sonstige Nutzpflanzen.

Die Art und der Anbau werden sich anders entwickeln müssen als in der herkömmlichen Landwirtschaft, da die Flächen multifunktionell genutzt werden. Die Vegetation ist ein unverzichtbarer Teil der Stadtschaft.

3.6.2.5 Mobilität

Der motorisierte Verkehr mit seinen vielschichtigen Umweltbelastungen sowie Fahrräder und Fußgänger beanspruchen einen großen Teil des Kulturraums und kommen in Konflikt insbesondere mit dem Wasserkreislauf und der Vegetation. Die Verkehrswege haben meist keine Mehrfachfunktion im vernetzten Ökosystem wie z. B. Wasser. Sie benötigen in den Städten 30 bis 40 % der Fläche – insbesondere durch die PKW. Leitziel muss es sein, die Transportfunktion der Verkehrswege optimal mit minimalem Einfluss auf das Ökosystem auszuformen und gleichzeitig die Lebensqualität gegenüber heute wesentlich zu verbessern.

Die Verkehrswege müssen als eine Art von Stegen angesehen werden, die durch das Ökosystem geführt werden, ohne es wesentlich zu beeinträchtigen – ähnlich den Stegen durch ein Moor. Einfache Mittel sind hierzu: Stadtplanung der kurzen Wege, Trennung vom motorisierten Verkehr von den Fußgängern, Fahrradfahren, kleine elektrische Transportmulis, autofreie parkartige Stadt-Zellen zum Wohnen und Arbeiten mit PKW-Parkautomaten und Mobilitätsknoten am Rand, staufreies Hochleistungsstraßensystem und vielschichtiger ÖPNV kombiniert mit einem automatisierten Warentransportsystem. Auf diesem Gebiet ist noch viel Entwicklungsarbeit zu leisten.

3.6.2.6 Soziokultur

Die ökonomischen, sozialen und kulturellen Gegebenheiten formen die Kulturlandschaft. Die sozialen Einrichtungen wie Schule, Krankenhaus usw. müssen auf der Grundlage der Nachhaltigkeit eingerichtet und betrieben werden.

Die kulturellen Aspekte sind besonders wichtig, da wir unsere Identität und unser Leben darauf aufbauen. Die Erfordernisse der Umwelt sind unumstößlich, wenn wir sie auch auf ganz unterschiedliche Weise berücksichtigen können. Sie sind z. T.

noch nicht in unserer Weltanschauung und unseren kulturellen Normen berücksichtigt. Erst wenn sie sich mit unseren Normen und den gesellschaftlichen Grundlagen vereint haben, dann sind wir zu folgerichtigem Handeln befähigt. Deshalb muss sich unsere Lebenskultur ändern, ohne die Wurzeln zu verlieren – ein schwieriger Prozess.

Hierzu gibt es bereits insbesondere im Städtebau Ansätze wie z. B. die Bürgerbeteiligung, Mediatoren, Mastergroups, Workshops, Umweltzentren usw. Die Handhabung ist dennoch schwierig, da man sich noch auf keine eindeutigen Ziele und Vorgaben beziehen kann, wie z. B. bei unseren sittlichen Normen und dem bürgerlichen Recht. Bürgerbefragungen zeigen das Dilemma: Den Bürgern fehlen meist die Voraussetzungen zur Meinungsbildung darüber, wie ein nachhaltiges Leben und Arbeiten aussehen kann, die Lebenserfahrung hierzu fehlt. Ein langwieriger Entwicklungsprozess der Entscheidungsfindung ist notwendig. Hierzu müssen Umweltzentren geschaffen werden und Bildungsgänge auf ganz unterschiedlichen Ebenen eingerichtet bzw. fortentwickelt werden.

3.6.2.7 Wirtschaft

Ökonomisch sind ökologische Maßnahmen scheinbar oftmals nicht realisierbar. Da die Grundlage unseres Lebens erhalten werden muss, ist die Feststellung grundsätzlich falsch, Papiergeld kann nicht gegen die natürlichen Erfordernisse gerechnet werden. Die Gründe sind vielfältig.

Wirtschaftliche Entscheidungen werden meist über kurze Zeiträume getroffen, Nachhaltigkeit muss aber immer langfristig getroffen werden. Zudem sind Fertigungsprozesse, Gesetze und Lebensart nicht hierauf eingestellt, kurzfristige Änderungen können z. T. Schäden bewirken. In vielen, fast den meisten Fällen sind es jedoch Unkenntnis und Gewohnheiten, die die ökonomische Entwicklung behindern, oftmals werden überzogene, aber auch schlichtweg unsinnige Lösungen angestrebt.

3.6.3 Der ökologische Gesamtplan (Masterplan)

Sind die Zellenverbände geordnet und in einer stimmigen Gesamtlösung verknüpft, dann muss das planerische Ergebnis festgehalten und möglichst anschaulich dargestellt werden. Hierzu dient der Masterplan, der z. B. eine bauliche Entwicklung eines Quartiers darstellt. In ihm werden die Ergebnisse zusammengefasst. Insbesondere die räumliche Ausbildung des Ökosystems wird darin festgehalten, Gebäude, Freiräume, Verkehrswege und sonstige Einrichtungen wie Wasserreservoire, Aufenthaltsräume wie das grüne Klassenzimmer, gärtnerische Nutzungen und besonders geschützte Flächen sind dem Masterplan zu entnehmen. Er kann auch einen Begleittext enthalten.

Der ökologische Gesamtplan (Masterplan) muss für die Beteiligten übersichtlich und gut lesbar sein. Symbole veranschaulichen Funktionen. Der Masterplan kann nur von Personen geändert werden, die ihn aufgestellt haben oder zumindest gutes Hintergrundwissen haben und mit dem Werkzeug zur Aufstellung von

Methodisches Vorgehen zur Erstellung ökologischer Gesamtkonzepte

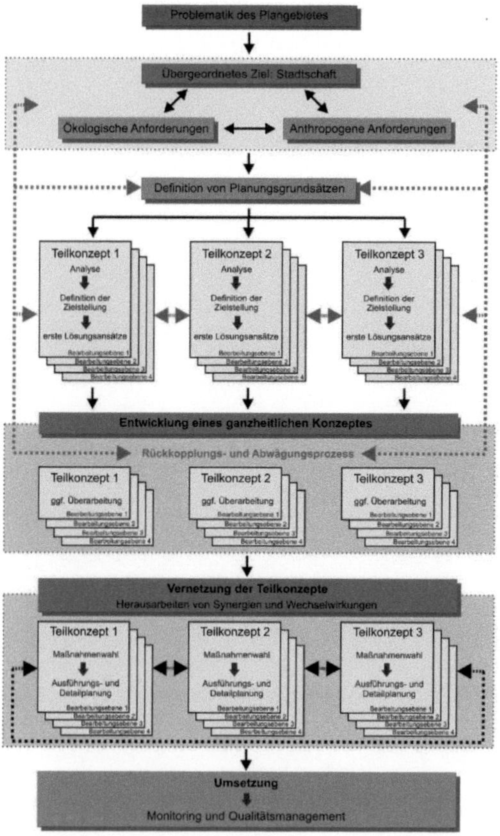

Hilfsmittel	Ergebnis	Beteiligte
Vor-Ort-Besichtigung, Befragung, Unterlagen und Informationen zum Planungsgebiet	Problemanalyse, Problemstrukturierung	Planer, Auftraggeber Behörde,
Definition Stadtschaft, Umweltdaten, Vorstellungen und Wünsche der Nutzer/Anwohner/Auftraggeber	Zielanalyse, Definition der Zieleigenschaften, Zielplanung	Planer, Fachplaner, Stadt/Gemeinde, Behörde, Anwohner, Umweltverbände, Auftraggeber
Zusammenstellung möglicher Planungsgrundsätze (z.B. Wasser- u. Nährstoffkreislw.)	Prioritätenliste der Planungsgrundsätze	Planer, Fachplaner
Definition Teilkonzepte, Kriterienkatalog zur Teilkonzeptzuordnung	Strukturierung der Planungsaufgabe in Teilkonzepte	Fachplaner, Planer
MV Konzeptbearbeitung, Definition Bearbeitungsebenen, Zusammenstellung möglicher Zielstellungen, Sammlung aller für die Analyse erforderlichen Daten und Informationen	Problem- und zielorientierte Analyse, Ermittlung spez. Rahmenbedingungen, Mängel- u. Potentialanalyse, Ermittlung Ressourcenverbrauch/Emissionen, Zusammenstellung von Zielstellungen u. Lösungsansätzen/ideen, erste Grundsatzentscheidungen	Fachplaner, Planer
Beschreibung des Rückkopplungs- und Abwägungsprozesses	Diskussion d. Lösungsansätze, Vordimensionierung, Herbeiführen von Planungsentscheidungen	Planer, Fachplaner, Behörde, Stadt/Gemeinde, Anwohner, Umweltverbände, Auftraggeber
Kennzahlen, Beschreibung der Szenarienbetrachtung	Aufeinander abgestimmte Teilkonzepte, Zusammenführen der Inhalte der einzelnen Teilkonzepte, Vordimensionierung, Szenarienbetrachtung, evtl. Variantenvergleich, Entwurfsplanung	Planer, Fachplaner
Maßnahmenzusammenstellung und -kategoriesierung, Beschreibung der Eigenschaften von Gesamtkonzepten, Beispielrechnungen	Diskussion der Maßnahmen, in sich stimmiges Gesamtmaßnahmenbündel, umsetzbares integratives und ganzheitliches Konzept, aufeinander abgestimmte Ausführungs- und Detailplanung, Berechnungen/Dimensionierungen	Planer, Fachplaner, Auftraggeber, Stadt/Gemeinde, Behörde, Umweltverbände
Handbücher, Wartungs- und Betriebsanleitungen, Akzeptanzbefragungen	Baurealisierung, Absicherung der Zielerreichung	Betreiber, Auftragnehmer, Qulitätsmanager, evt. Anwohner

Abb. 3.8 Methodisches Vorgehen zur Erstellung ökologischer Gesamtkonzepte (Glücklich 2010)

ökologischen Gesamtkonzepten und der nachhaltigen Gestaltung von Ökosystemen hantieren können.

Der gesamte Planungsprozess ist in Abb. 3.8 schematisch dargestellt.

Gestaltung von Siedlungsökosystemen am Beispiel der Valley View University (VVU)

4

Dietmar Simmering, Gunther Geller, Detlef Glücklich †, Annette Otte, Laurent Richard und Reinhard Perfler

4.1 Das Umfeld der VVU: Allgemeine Grundlagen

Dietmar Simmering und Gunther Geller

4.1.1 Natürliche Grundlagen

4.1.1.1 Lage und Topografie

Die VVU liegt im peri-urbanen Randbereich Accras, der Hauptstadt der westafrikanischen Republik Ghana (5,79°N, 0,12°W). Der Bezirk Accra, d. h. der Accra Metropolitan District, hat 1,8 Millionen Einwohner, während die Greater-Accra-Region insgesamt eine Bevölkerung von 2,9 Millionen aufweist. Die Region Accra ist mit einer Wachstumsrate von mehr als 3 % (United Nations 2008) derzeit eine der am schnellsten wachsenden urbanen Agglomerationen in Afrika.

Accra liegt im Tiefland der Accra Plains, welche bei einer Fläche von 2800 km^2 im Süden vom Golf von Guinea, nordwestlich von den Akwapim-Bergen und öst-

Gunther Geller ✉
Ingenieurökologische Vereinigung IÖV, Augsburg, Deutschland
e-mail: info@ioev.de

Dietmar Simmering · Annette Otte
Institut für Landschaftsökologie und Ressourcenmanagement, Justus-Liebig-Universität Gießen, Heinrich-Buff-Ring 26–32, 35392 Gießen, Deutschland
e-mail: Dietmar.Simmering@umwelt.uni-giessen.de, landschaftsoekologie@umwelt.uni-giessen.de

Laurent Richard
Institut für Siedlungswasserbau, Industriewasserwirtschaft und Gewässerschutz, Universität für Bodenkultur Wien, Muthgasse 18, 1190 Wien, Österreich
e-mail: richard.laurent@boku.ac.at

Reinhard Perfler
Institut für Siedlungswasserbau, Industriewasserwirtschaft und Gewässerschutz, Nußdorfer Lände 11, 1190 Wien, Österreich
e-mail: reinhard.perfler@boku.ac.at

G. Geller und D. Glücklich (Hrsg.), *Zukunftsfähige Siedlungsökosysteme*,
DOI 10.1007/978-3-642-39706-6_4,

Abb. 4.1 Blick von den Akwapim-Bergen in die ländlichen Gebiete der Accra Plains

lich vom Volta-Fluss begrenzt wird (Abb. 4.1). Dort gehen die Accra Plains in den Savannenkorridor des sogenannten Dahomey Gap über, welches weiter von Südost-Togo bis West-Nigeria reicht. Die Topografie ist überwiegend flach bis sanft hügelig.

Die Valley View University befindet sich etwa 30 km nordöstlich der Innenstadt Accras, gerade außerhalb des Metropol-Bezirks an einer Ausfallstraße, welche zur 15 km nördlich gelegenen Kleinstadt Dodowa führt. Die Meereshöhe des Geländes beträgt etwa 80 m ü. N. N.; allerdings ragen nur wenige Kilometer westlich die Akwapim-Berge etwa 400 m steil auf.

4.1.1.2 Klima

Die Accra Plains und das Dahomey Gap bilden eine klimatisch begründete Unterbrechung des westafrikanischen (guineischen) Waldgürtels. Das Klima in den Accra Plains wird deshalb als Ghana-Trockenzone oder als Accra-Togo-Küstenklima bezeichnet. Die Niederschläge in Accra liegen bei nur 750 mm. Diese reichen nicht aus, um, wie in den angrenzenden Gebieten bei 1300–5000 mm, einen tropischen Regenwald zu ermöglichen. Um den großen klimatischen und ökologischen Gradienten in der Region zu illustrieren, sei auf den Botanischen Garten in Aburi hingewiesen. Dieser ist nur 7 km vom VVU-Campus entfernt. Durch seine Lage auf der Höhe der Akwapim-Berge erhält er aber 1200 mm Niederschlag und beherbergt eine reiche Regenwald-Flora. Der VVU-Campus dagegen bekommt aufgrund seiner Lee-Lage im direkten Regenschatten der Berge mit 700 mm sogar weniger Niederschlag als Accra.

Der Niederschlag verteilt sich auf zwei Regenzeiten (Mai bis Mitte Juli, Mitte August bis Oktober) und fällt häufig in kurzen, aber heftigen Schauern, die oft lokal zu Überflutungen führen. Während der Regenzeit liegt der monatliche Niederschlag zwischen 50 und 150 mm. Die Zeit zwischen Dezember und März ist besonders trocken, mit monatlichen Niederschlägen unter 50 mm. Trotz dieser Saisonalität variieren die Niederschläge von Jahr zu Jahr sehr stark. Jahre mit nahezu ausbleibender Regenzeit und Jahre mit überdurchschnittlichen Regenfällen auch in der Trockenzeit kommen häufig vor. Landnutzung und Landwirtschaft sowie die Wasserwirtschaft haben sich diesen unberechenbaren Bedingungen anzupassen.

Wie für ein tropisches Land zu erwarten, zeigen die Temperaturen kaum jahreszeitliche oder tägliche Abweichungen; die mittlere Jahrestemperatur liegt bei 26,5 °C. Monatliche Mittel liegen zwischen 24,5 °C im August und 28 °C im März. Die durchschnittliche Tagestemperatur beträgt fast gleichbleibend 30 °C. Die Luftfeuchtigkeit ist allgemein hoch (65–95 %), aber tendenziell niedriger während der heißen und trockenen Monate – besonders im Januar, wenn die trockenen Harmattan-Winde aus der Sahara wehen.

4.1.1.3 Böden und Landwirtschaft

Die Accra Plains sind eine sehr alte Kulturlandschaft, bevölkert und geprägt durch Menschen seit etwa 6000 Jahren. Die dominierenden Böden der Region sind Savannen-Ochrosole und regosolische Grundwasser-Laterite über sauren und basischen Gneisen und Schiefern (Brammer 1962). Die rötlichen, braunen und gelben Sande und lehmigen Sande sind allgemein flachgründig und anfällig für Erosion. Gehalte an organischer Substanz und Nährstoffen sind niedrig. Allerdings wird das Pflanzenwachstum vor allem durch die ungünstigen physikalischen Eigenschaften der trockenen Böden eingeschränkt.

Ohne Bewässerung müssen alle landwirtschaftlichen Kulturen mit diesen trockenen Bedingungen zurechtkommen. Deswegen spielt Ackerbau überwiegend eine untergeordnete Rolle; nach wie vor ist die mit Vieh beweidete und regelmäßig gebrannte Grasland-Savanne der vorherrschende Landnutzungs- und Vegetationstyp in den Accra Plains (Abb. 4.2 und 4.3).

Trotz der in Accra großen Nachfrage nach frischem, aber leicht verderblichem Obst und Gemüse sind die Plains aufgrund der vorgenannten Bedingungen bislang nicht zu einem bedeutsamen Anbaugebiet solcher Produkte geworden. Allerdings werden auch im peri-urbanen Bereich noch Grundnahrungsmittel, vorwiegend Maniok und Mais, in traditioneller Weise auf zahlreichen Kleinstflächen angebaut. Dieser Eigenanbau ist besonders für die arme Bevölkerung sehr wichtig. Kommerzieller Gemüseanbau ist nur in kleinem Maße vorhanden. In noch eher ländlichen Gebieten gewinnen in den letzten Jahren Mango-Plantagen an Bedeutung.

4.1.1.4 Natürliche Vegetation

Savannen-Grasland und Savannen-Gebüsche waren vor der zunehmenden Urbanisierung die verbreiteten Vegetationsformen im Gebiet. Allerdings ist die Savanne im Gebiet eher als „Sub-Klimax-Vegetation“ anzusehen, als sekundäre Savanne, die sich nur durch menschlichen Einfluss nicht zum Wald entwickelt. Denn die natürliche Vegetation der Accra Plains bilden verschiedene Typen halb-immergrüner

Abb. 4.2 Beweidete Savanne mit Neem-Bäumen

Abb. 4.3 Überweidung in der Savanne während der Trockenzeit

Trockenwälder. Ein für diese Landschaft insgesamt sehr spezifischer Waldtyp wurde von Hall und Swaine (1976) für das nahe gelegene Schutzgebiet der Shai Hills beschrieben (vgl. Abb. 4.4). Dieser Wald stockt auf den trockensten der überhaupt waldfähigen Standorte im gesamten Land. Die vertikale Struktur zeichnet sich durch eine geschlossene Baumschicht aus, die überwiegend von *Millettia thonningii* und *Diospyros sp.* gebildet wird und nur eine Höhe von etwa 15 m erreicht. Die Arten *Dryopetes parviflora, Vepris heterophylla* und zahlreiche Sträucher und Lianen der Savannen-Gebüsche bilden darunter ein ca. 10 m hohes, dichtes Unterholz. Eine Krautschicht ist kaum ausgebildet. Überragt wird dieser Wald von vereinzelt

Abb. 4.4 Natürlicher Trockenwald in den Accra Plains (Hall und Swaine 1976, verändert)

stehenden Baumriesen (Kapokbäume, *Ceiba pentandra* u. a.), die bis zu 50 m über die eigentliche Baumschicht hinauswachsen. Die wenigen verbliebenen kleinen Bestände dieses Waldtyps sind heute zumindest offiziell geschützt.

4.1.2 Technisch-kulturelle Grundlagen

4.1.2.1 Vegetation und Landnutzungskonflikte

Die Vegetation des ursprünglichen Trockenwaldes wurde seit Jahrhunderten durch den anhaltenden menschlichen Einfluss im Zustand einer Savanne bewahrt (Abb. 4.5). Regelmäßiges Brennen, Beweidung, Brandfeldbau sowie Brennholzgewinnung und Köhlerei führten zu einem Mosaik mit unterschiedlichen Anteilen aus Grasland und Gebüsch. Regelmäßige Störungen verhindern die Entwicklung zum Wald. Auch die Gebüsche der Accra Plains bilden im Kontext der tropischen Vegetation Afrikas ein sehr einmaliges Gemisch aus Savannen- und Waldarten (Lane 1962; Jenik und Hall 1976; Hall und Swaine 1981). Ähnlich wie die restlichen Wälder werden auch diese halbnatürlichen Vegetationstypen durch die zunehmende Zersiedlung immer seltener. Letztere lässt weder Raum für natürliche und halbnatürliche Vegetation noch für Weideland und Agrarflächen.

Viele Weideland- und Savannenbereiche in der Region sind bereits für eine Bebauung vorgesehen oder bereits teilweise bebaut. Auch die wenigen Schutzgebiete werden dabei häufig durch unkontrollierte und illegale Bebauung in Mitleidenschaft gezogen. Durch den immensen Flächenverbrauch gerät die traditionelle Landnutzung zunehmend unter Druck. Dies führt zu Überbeweidung durch Viehherden, zu häufigem Niederbrennen der Gebüsche durch die Hirten und einer zunehmend intensiveren Nutzung der verbliebenen Gehölzbestände durch Brennholzwerbung und Köhlerei.

Abb. 4.5 Natürlicher Trockenwald im Shai-Hills-Reservat

4.1.2.2 Siedlungsstruktur

Der 120 ha große VVU-Campus ist umgeben von alten Dörfern und neuen Wohnsiedlungen. Es grenzt an die Gemeinde Qyibi und das Dorf Otinibi.

Die alten Dörfer sind ihrer Struktur nach noch traditionell ländlich geprägt, mit infrastrukturellen Defiziten in der Strom- und Wasserversorgung. Staubige Straßen in schlechtem Zustand verbinden die Orte miteinander und mit der Hauptstraße. Die neuen Wohnsiedlungen mit Einfamilienhäusern repräsentieren im großen Gegensatz dazu einen für westafrikanische Städte eher neuen Typus städtischer Entwicklung – mit einer gut entwickelten Infrastruktur für eine eher gehobene Mittelschicht (Yeboah 2000). Diese sind hinsichtlich des Lebensstandards durchaus mit westlichen Vorstädten vergleichbar.

Das mangelhafte Niveau des Abwasser- und Abfallmanagements führt, wie überall in Accra, allerdings in beiden dieser peri-urbanen Siedlungstypen zu Umweltproblemen (Yankson und Gough 1999; Owusua 2010).

4.1.2.3 Verordnungen in Ghana

Das Verwaltungssystem in Ghana scheint im Vergleich zu Deutschland größere Freiheiten und Flexibilität zu erlauben z. B., was das Bauen betrifft. Nach Aufstellung eines Masterplans für ein Siedlungsgebiet und der generellen Zustimmung der Behörden dazu können die weiteren Ausbaumaßnahmen einfach in Angriff genommen werden.

Die Instrumente der Stadt-, Regional und Raumplanung und die entsprechenden Planwerke gibt es nicht oder nicht in dem Umfang wie in Deutschland; wenn sie vorhanden sind, werden sie auch nicht so streng gehandhabt. Das macht die Umsetzung einer ökologischen Siedlungsentwicklung mit einer großen Zahl von neuen Ansätzen und Technologien wesentlich einfacher und ermöglicht kürzere

Umsetzungszeiten. Einige der Maßnahmen wären in Deutschland überhaupt nicht umsetzbar gewesen, die Gesamtmaßnahme in diesem Umfang und in dieser kurzen Zeit höchstwahrscheinlich auch nicht.

4.2 Die Valley View University (VVU)

Gunther Geller und Detlef Glücklich

4.2.1 Allgemeine Informationen zur VVU

Die VVU wurde 1979 von der Kirche der Sieben-Tage-Adventisten als eine Hochschule gegründet. Die Zahl der Studenten belief sich damals auf 90. Im Jahre 1997 wurde daraus die erste Privatuniversität des Landes, die die nationale Akkreditierung erhielt.

Die wichtigsten Studienfächer im Jahre 2010 waren Rechnungswesen, Religiöse Studien, Theologie, Informatik und Krankenpflege. Mittlerweile arbeiten und studieren etwa 3500 Menschen auf dem Campus. Etwa 37 % der Studierenden sind weiblich, 5 % kommen aus den westafrikanischen Nachbarländern. Etwa 20 % der Studierenden leben während des Semesters in den Wohnheimen auf dem Campus, die Übrigen sind in den benachbarten Dörfern untergebracht oder reisen aus Accra an.

4.2.2 Soziokultureller Hintergrund

Die Valley View University ist eine christliche Einrichtung, was bedeutet, dass sie Teil eines christlich geprägten soziokulturellen Rahmens ist. Andererseits ist sie eine ghanaische Hochschule, also Teil der ghanaischen und afrikanischen Kultur. Und weiter ist sie als Teil der weltweiten Kultur inmitten des raschen globalen Wandels, bei dem alte Werte verloren gehen und neue erst noch entstehen müssen.

4.2.3 Die ökologische Entwicklung der VVU

Menschen überall auf dem Planeten hängen von natürlichen Ressourcen ab, wie Wasser, Boden, Luft und Vegetation. Deshalb ist die Notwendigkeit einer nachhaltigen umweltschonenden Entwicklung offensichtlich. Dies gilt besonders für die Tropen mit ihren leicht verwundbaren Ökosystemen. Deshalb würde es nützlich sein, ein erfolgreiches Beispiel wirklich eines nachhaltigen Siedlungsökosystems vorweisen zu können.

Der erste Besuch deutscher Partner der Ingenieurökologischen Vereinigung IÖV an der Valley View University im Jahre 2001 machte klar, dass für diese Universität und ihren Campus, die sich damals noch immer in der Pionierphase befand, eine ökologische Entwicklung eine große Möglichkeit darstellen würde. Und zwar sowohl für die ghanaischen als auch die deutschen Partner.

Aus ghanaischer Sicht hätte die Universität ein Alleinstellungsmerkmal als vielleicht erste wirkliche Ökouniversität in Afrika. Und gleichzeitig würde es helfen, eine ganze Reihe dringender Fragen zu lösen, wie etwa im Bereich der Wasser- und Energieversorgung. Den deutschen Partnern würde es die Möglichkeit geben, integrierte und nachhaltige Konzepte unter Praxisbedingungen zu testen und zu verbessern.

Wegen des gemeinsamen Interesses an einer ökologischen Entwicklung der VVU auf beiden Seiten fiel die Entscheidung leicht, eine enge Zusammenarbeit anzufangen und nach Finanzierungsmöglichkeiten Ausschau zu halten. Bereits zu diesem Zeitpunkt konnten die ersten Arbeiten für einen ökologischen Masterplan mithilfe von studentischen Arbeiten der Bauhaus Universität Weimar begonnen werden.

2002 war der Antrag für ein Forschungs- und Entwicklungsprogramm zu dezentralen Wasserlösungen des deutschen Ministeriums für Erziehung und Bildung (BMBF) erfolgreich, die Einrichtung erster ökologischer Kreisläufe an der VVU konnte aufgenommen werden.

Um sicherzustellen, dass alle Maßnamen und Projekte dieses ökologischen Kreislaufprogramms langfristig funktionieren würden, war dieses in ein ganzheitliches Konzept eingebettet, das auch einen ökologischen Masterplan, ein Stoffstrommanagement und ein umfassendes Informations- und Qualitätsmanagement beinhaltete. Dieses ganzheitliche Konzept war in der Ausschreibung für ökologische Kreislaufsysteme nicht vorgesehen. Um es durchzusetzen, war ein gewisser Aufwand an Überzeugungsarbeit beim Projektträger notwendig. Es wurde aber schließlich angenommen und stellte sich letztlich für den Erfolg als unentbehrlich heraus, Ebenso wie eine funktionierende, langfristig und tief gehend angelegte Teamarbeit, die bei der Komplexität des Systems und der Vielfalt zu integrierender Einzelthemen unerlässlich ist.

Bei der Umsetzung wurde einfachen, robusten, verlässlichen und angepassten Lösungen der Vorzug vor besonders einfachen oder besonders hochgestochenen Hightech-Lösungen gegeben. Das trug auch zur besseren Akzeptanz bei, erhöhte die Möglichkeit zu Eigenhilfe und Eigenverantwortung und verband gleichzeitig auf glückliche Weise Armutsbekämpfung und Umweltschutz.

Die Partner in diesem Programm waren neben der VVU die Ingenieurökologische Vereinigung, die Bauhausuniversität Weimar, die Universität Hohenheim und zwei Firmen, Berger-Biotechnik und Palutec.

Durch den Erfolg dieses F+E-Projektes konnte die deutsche Regierung über das Bundesumweltministerium (BMU) bewogen werden, weitere 1,3 Millionen Euro für Umsetzungsmaßnahmen im Rahmen der Klimainitiative zu bewilligen. Dadurch konnte die ökologische Entwicklung der VVU noch einmal einen großen Sprung nach vorne machen. Dieses Projekt begann Ende 2008 und dauerte bis Sommer 2010. Es beinhaltete vier große Maßnahmenbereiche: Langzeit-Regenwasser-Speicher im Straßenuntergrund, Pflanzung von mehreren Tausend Bäumen und Erhalt wertvoller Vegetation, Entwicklung und Bau einer Wasseraufbereitung und

Abb. 4.6 Baobab-Center für ökologische Forschung und Lehre an der VVU

einer Sachetwasser-Produktion sowie der Bau eines klimafreundlichen Umweltzentrums für Lehre und Forschung (Baobab-Center genannt, Abb. 4.6).

Um die dauerhafte Nutzung der Maßnahmen sicherzustellen, waren Erziehung und Ausbildung von Anfang an den Projektpartnern immer ein wesentliches Anliegen, unabhängig von den beschränkten Möglichkeiten der geförderten Projekte selbst. Das sollte an der VVU und den deutschen Partner-Hochschulen in Form von neuen Studiengängen und akademischen Fächern umgesetzt werden, die theoretische Inhalte und praktische Erfahrungen dieses und anderer Projekte kombinieren sollten. So dienten die errichteten ökologischen Gebäude und Installationen, die Kreislaufwirtschaft mit Weiterverwendung von deren Stoffen in der Landwirtschaft, die Maßnahmen der Wassersammlung und -nutzung, die Anpflanzungen als Übungs-, Demonstrations-, Trainings-, Studien- und Referenz-Objekte für Menschen innerhalb und außerhalb der VVU. Seit 2002 waren die Projekte an der VVU auch Teil der Lehre an den Hochschulen Weimar, Hohenheim und Wismar.

Ein internationaler Master-Studiengang zur Ökosystemgestaltung und ökologischer Entwicklung ist in Vorbereitung, ein Bachelor-Studiengang Ökologie an der VVU zwischenzeitlich eingerichtet. Das im Rahmen des Klimaprogramms erstellte Baobab-Center konnte bei der Einweihung bereits zur Durchführung einer internationalen Werkstatt zu klimafreundlichen Siedlungsökosystemen 2010 dienen und steht für die ökologische Lehre an der VVU und in Ghana zur Verfügung.

4.2.4 Die VVU als menschliches Ökosystem

Die VVU ist ein gutes Beispiel eines menschlich geprägten Ökosystems mit all seinen natürlichen und technisch-kulturellen Teilen: Der Campus ist ein größeres Ökotop (Lebensraum), das noch immer viele naturnahe Teile beherbergt. An Produzenten gibt es Bäume und Grünflächen, an Konsumenten vor allem die Menschen als Lehrkräfte und Studenten, Reduzenten finden sich im Boden. Die Lehrschneiderei steht für die technisch-kulturellen Produzenten, die vielen Geräte (Rechner, Kühlschränke, Klimaanlagen, Kochstellen usw.) auf dem Campus gehören zu den technisch-kulturellen Konsumenten, Septic Tanks, Komposttoiletten und Kompostplätze zu den technisch-kulturellen Reduzenten.

Auf dem Campus kommen alle Arten von Flüssen und Beziehungen vor. Die natürlichen Informationsflüsse z. B. als das Singen der Vögel, die natürlichen Energieflüsse als Sonnenenergie oder Wind, die natürlichen Stoffflüsse in Form von Regen oder Bodenabtrag. Internet, Telefon, Post gehören zu den technisch-kulturellen Informationsflüssen, Elektrizität und Benzin zu den technisch-kulturellen Energieformen, Abwasser, Baustoffe, Abfall gehören zu den technisch-kulturellen Stoffflüssen.

All das weist einen hervorragenden Rahmen auf, um ein wirklich beispielhaftes Siedlungsökosystem zu entwickeln.

Der Campus der VVU hat viele Elemente, die in einem umfassenden ökologischen Konzept aufgegriffen und entwickelt werden können: Auf dem Campus gibt es viele Aktivitäten über den Lehrbetrieb hinaus, die ein nachhaltiges Leben und Arbeiten fördern. Etwa 60 % der Studenten und ein Teil der Angestellten leben auf dem Campus.

Die umfangreichen kirchlichen Veranstaltungen, exzellente Musik- und Sportgruppen und studentische Zirkel wie der Green Club machen das Leben attraktiv, insbesondere da die afrikanischen Städte trotz ihrer Größe weniger Angebote als europäische haben. Eine Bauabteilung mit einer Steinfabrikation, kleine Firmen wie Bäckerei, Autoreparaturdienst und eine Bank befinden sich auf dem Campus. Wegen der guten Infrastruktur und den Arbeitsplätzen ist der Campus attraktiv für die umgebenden Dörfer. Studenten können zudem Geld verdienen. Die täglichen Wege der Menschen können kurz gehalten werden, die Kommunikation ist einfach und persönlich. Der Campus selbst ist durch Lehrende und Studierende gut mit Accra und schließlich vor allem über die kirchliche Organisation mit der ganzen Welt verbunden. Über die Lehre können kostengünstig Forschungsprojekte initiiert werden. Deshalb gilt: Der Campus bietet gute Voraussetzungen, ein nachhaltiges Leben, Lernen und Arbeiten zu entwickeln. Es bot sich daher an, die bauliche Entwicklung als Rahmen für das zukünftige Leben und Arbeiten entsprechend einem ökologischen Masterplan zu gestalten. Ein nicht-ökologisch ausgerichteter Masterplan existierte bereits (Abb. 4.7).

4.3 Integrierte Gestaltung von Information und Qualität an der VVU

Gunther Geller

4.3.1 Die VVU und ihre afrikanischen soziokulturellen Rahmenbedingungen

Das Ziel eines nachhaltigen menschlichen Ökosystems kann nur dann erreicht werden, wenn es so weit wie irgend möglich verstanden wurde:

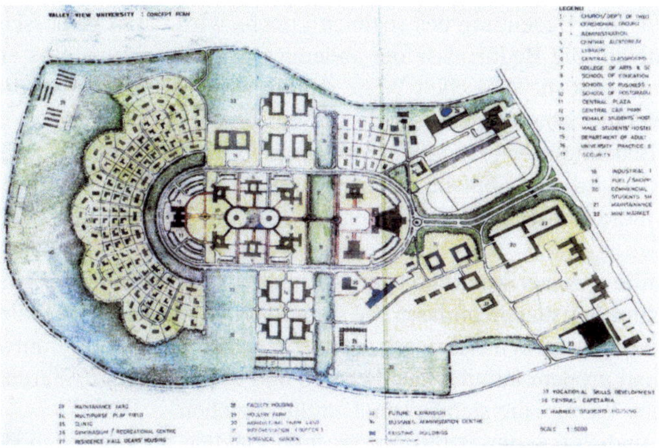

Abb. 4.7 Erster Masterplan vor der ökologischen Ausrichtung der VVU

Im Falle der VVU kann ein großer Teil von den traditionellen afrikanischen kulturellen Werten gelernt werden (was natürlich für alle ursprünglichen traditionellen Systeme gilt). Diese stammen von menschlichen Systemen, die sich im Verlauf einer langen Entwicklung an die umgebenden natürlichen Ökosysteme angepasst haben, ohne diese zu sehr zu zerstören oder aus ihrem Gleichgewicht zu bringen. Zu diesen Wertvorstellungen gehören Menschlichkeit und Brüderlichkeit, Harmonie zwischen den Anforderungen der Gemeinschaft und des Einzelnen, moralisches Verhalten, Wertschätzung der Familie, das Häuptlingssystem, Künste und Ästhetik usw.

Das traditionelle afrikanische kulturelle System sieht die Würde und Integrität des Menschen als ein Geschöpft Gottes (dies und die folgenden Bemerkungen stammen aus Gyekye 1996). Unsere gemeinsame Brüderlichkeit ist untrennbar verbunden mit unserem gemeinsamen Mensch sein: Es gibt nur eine einzige allgemeine Familie, zu der alle menschlichen Wesen gehören. Für die Afrikaner ist es ein entscheidendes Ideal, alle menschlichen Wesen als Geschwister einer menschlichen allgemeinen Gemeinschaft zu sehen.

Die Wertschätzung der traditionellen afrikanischen Gesellschaften für die Gemeinschaft drückt sich in einem gemeinschaftlichen sozialen Leben aus, in einer Bereitschaft, am sozialen und gemeinsamen Guten der Gemeinschaft mitzuwirken, einer Wertschätzung der gegenseitigen Verpflichtungen, Sorge um die anderen, der gegenseitigen sozialen Abhängigkeit und einem gemeinschaftlichen Verantwortungsgefühl füreinander. Die afrikanische Ethik vermeidet die auf die Spitze getriebene Betonung des Einzelnen, die eher als möglicherweise schädlich für die menschlichen Werte und die wirkliche Bedeutung und Grundlage der menschlichen Gesellschaft ist. Es werden deshalb alle Anstrengungen dazu unternommen, die Anforderungen des Einzelnen und der Gemeinschaft gegeneinander auszugleichen. Deshalb ist die afrikanische Moral eine soziale Moral, nicht eine der Einzelnen. Qualität und Bedeutung des sozialen Lebens wird daran gemessen, wie weit der Einzelne auf die Bedürfnisse der anderen Rücksicht nimmt. Das afrikanische Moralsystem stellt die ethischen Werte der Verantwortlichkeit über die der individuellen Rechte, obwohl auch diesen der entsprechende Stellenwert eingeräumt wird. Die Bedeutung des Charakters als Antrieb des moralischen Lebens in der Lebenspraxis wird dabei betont. Deshalb wird ein besonderer Wert darauf gelegt, diejenigen moralischen Tugenden zu entwickeln, die sich auf die Achtung für andere beziehen.

Die Familie wird als die grundlegende Einheit des sozialen Lebens gesehen, die alle Verwandtschaftsbande umfasst. Sie steht für ein umfassendes soziales Leben in einem fein ausgewogenen Netzwerk sozialer Beziehungen. Die Verantwortung für die kleine und größere Familie anzunehmen und die Eltern und Älteren zu achten, gehört zu den Werten, die sich auf die Familie beziehen.

Theorie und Praxis der Politik in der traditionellen afrikanischen Gesellschaft legen Wert auf Beratung und Übereinstimmung, denn diese sind zentrale Elemente der politischen Entscheidungsfindung. Diese Vorgehensweise erlaubt, alle in den politischen Entscheidungsprozess einzubeziehen. Der Häuptling, der die höchste politische Autorität darstellt, herrscht in Zustimmung und in Übereinstimmung mit den Willen der Menschen. Die politische Autorität des Häuptlings beruht auf Vertrauen und darauf, dass sich die Menschen auf ihn verlassen können.

In der traditionellen afrikanischen Kultur wird Wissen hoch geschätzt, insbesondere praktisches und auf Erfahrung beruhendes Wissen. Der Zweck des Wissens ist dabei, das menschliche Wohlergehen zu fördern und sicherzustellen.

Ein hervorstechendes Merkmal von Kunst (beispielsweise in künstlerischen Darstellungen wie Musik und Tanz) ist das Gemeinschaftswesen: Kunst zielt darauf ab, Gemeinschaftsgefühl und Gemeinschaftsbewusstsein zu vertiefen. Schönheit wird auch danach beurteilt, ob sie angemessen und passend ist. Musik, Tanz und sogar Kleidung müssen für die jeweilige Gelegenheit passend sein. Kunst wird nicht nur im engeren Sinne als Kunstwerke oder menschlichen Figuren gesehen, sondern auch, wie sich Menschen verhalten, in der Menschlichkeit selbst und im menschlichen Charakter.

Das Ausmaß, wie weit sich das VVU-Ökosystem in das globale Ökosystem einordnet, wie weit die VVU und ihre menschlichen Mitglieder dem Ökosystem einpassen und in Übereinstimmung mit den ökologischen Grundsätzen handeln, hängt sehr stark davon ab, wie weit Ethik und Werte der VVU diese ökologischen Grundsätze wertschätzen.

Das Vorgehen bei der Integrierten Gestaltung von Information und Qualität bei der Gestaltung von Siedlungsökosystemen wird nachfolgend am Beispiel der VVU näher ausgeführt. Das grundsätzliche Vorgehen dabei zeigt Abb. 4.8.

4.3.2 Gestaltung nachhaltiger Informationsstrukturen an der VVU

Sowohl Informationsstruktur als auch deren Fluss, die beide sowohl Verantwortlichkeiten, Akzeptanz usw. bestimmen, sind wesentlich im menschlichen Ökosystem.

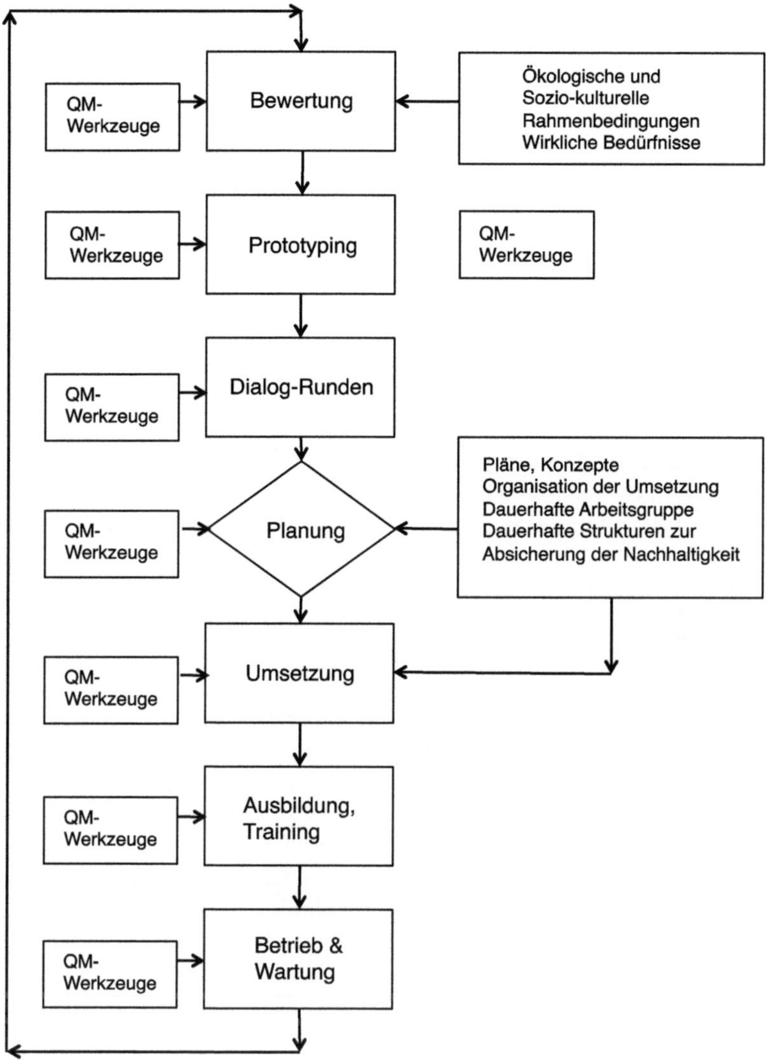

Abb. 4.8 Flussdiagramm der integrierten Gestaltung von Information und Qualität

Bezogen auf die VVU haben wir in den letzten Jahren eine besondere Struktur aufgebaut, die für die ökologische Entwicklung verantwortlich ist. Dazu gehören der neue Manager für die Einrichtungen der ökologischen Kreislaufwirtschaft, der Putztrupp, die Arbeiter und Handwerker, also alle diejenigen, die sich mit den Sanitärinstallationen beschäftigen und Teil dieser Organisationseinheit sind. Die Universitätsbauleitung mit ihrem Direktor ist verantwortlich für die Umsetzung und den Betrieb der ökologischen Strukturen und Maßnahmen. Dazu gehört eine landwirtschaftliche Abteilung mit einem ausgebildeten Landwirtschaftsdirektor, der auch für die Nutzung der gesammelten Wässer und Nährstoffe zuständig ist.

Um diese Struktur weiter auszubauen, soll eine neue ökologische Einheit in dem neuen Baobab-Center für ökologische Studien in der Mitte des Campus eingerichtet werden, wo auch das zukünftige Masterstudium der ökologischen Entwicklung zuhause sein soll. Der Leiter dieser Fakultät für Ingenieurökologie soll auch derjenige sein, der direkt für alle Gesichtspunkte der ökologischen Entwicklung zuständig ist, angefangen von der Umsetzung ökologischer Maßnahmen bis zu Training und Erziehung auf diesem Gebiet.

4.3.3 Gestaltung der Informationsflüsse und -struktur für eine nachhaltige VVU

4.3.3.1 Erziehung, Training und Studiengänge an der VVU

Erziehung, Training und Studien sind wesentliche Mittel, um die erforderliche Zustimmung und das nötige Bewusstsein für die ökologische Entwicklung zu erreichen.

Bis jetzt haben sich die Studiengänge an der VVU vor allen Dingen mit den Bereichen Betriebswirtschaft, EDV, Gesundheit und Theologie beschäftigt – alles Bereiche, die sich nicht in erster Linie mit Ökologie und der materiellen Umsetzung ökologischer Maßnahmen beschäftigen.

Um diese Situation zu ändern, ist ein internationaler Masterstudiengang „ökologische Entwicklung“ an der Valley View University in Vorbereitung. Alle bisherigen Maßnahmen im Bereich der ökologischen Entwicklung und Kreisläufe an der VVU werden dazu genutzt und stellen gleichzeitig die Grundlage für ein verbessertes Verständnis ökologischer Grundsätze und Notwendigkeiten dar. Der Studiengang soll einen Schwerpunkt auf ökologische Grundlagen, Ökosystemtheorie, ökologisches Bauen, nachhaltige Landnutzung, Ingenieurökologie und andere Themen legen. Bachelorstudenten von anderen ghanaischen Universitäten wie Kumasi oder auch von Universitäten im Ausland können diesen Masterstudiengang belegen. Die Partner aus den bisherigen deutschen Programmen und die kooperierenden Universitäten von Augsburg, Gießen, Magdeburg, Wiesbaden und Wismar werden beim Aufbau dieses Studienprogramms helfen.

Spezielle Trainingsprogramme werden zusätzlich zu diesen universitären Studiengängen den Arbeitern und Handwerkern helfen, sich auf dem Gebiet des ökologischen Bauens, der ökologischen Kreislaufwirtschaft, angepasster Technologien usw. aus- und weiterzubilden. Ein bereits erfolgter erster Schritt in dieser Richtung war die Ausbildung von Personal der Universitätsbauabteilung, was im Rahmen des Projektes ökologische Kreislaufwirtschaft und des Klimaschutzprogramms auch durch die kooperierenden Firmen wie Berger-Biotechnik und Palutec unterstützt wurde.

In der Zwischenzeit sind mit der Verwirklichung des Baobab-Centers für ökologische Studien Räume verfügbar, in denen alle diese Aktivitäten stattfinden können. Darüber hinaus kann dieses Zentrum selbst als positives Beispiel für eine integrierte ökologische Lösung dienen. Das Zentrum produziert mehr Energie und Wasser, als es selbst verbraucht, stellt grüne Klassenräume im Freien zur Verfügung, zeigt in einem Schaugarten die lokale Vegetation und ist insgesamt auf einem beeindruckenden Baobab-Baum ausgerichtet, von dem es auch seinen Namen hat.

Auch die VVU und ihr Campus sind insgesamt ein sehr positives Beispiel einer ökologischen Entwicklung und können deswegen als Demonstration und zum Training aller ihrer Mitglieder und Besucher dienen.

Daneben ist es vorgesehen, dass zukünftig alle Studienprogramme der VVU Grundlagen der Ökologie und der Ingenieurökologie beinhalten. Das betrifft auch die Trainingsprogramme im Women's center.

4.3.3.2 Akzeptanz innerhalb und außerhalb der VVU

Akzeptanz innerhalb und außerhalb des menschlichen Ökosystems ist eine entscheidende Vorausetzung für deren Nachhaltigkeit.

Wenn die Menschen die neu installierten ökologischen Einrichtungen wie Wasserspartoiletten und Urinale nicht tatsächlich nutzen, wird die Menge des verfügbaren Materials aus der Kreislaufwirtschaft wie Wasser und Nährstoffe klein sein. Das wiederum bedeutet, dass es nur wenig Material für die landwirtschaftliche Fläche der VVU gibt. Damit wird die Ernte der landwirtschaftlichen Produkte kleiner sein und der Gewinn der VVU ebenfalls geringer ausfallen. Die Nutzung der Toiletten ist jedoch teilweise abhängig von deren richtigen Gebrauch (das bedeutet, Sitztoiletten als solche zu nutzen und nicht als Hocktoiletten, auch Toilettenpapier für den nächsten Nutzer übrig zu lassen usw.), teilweise hängt dies von der richtigen Betreuung ab (genügend und genügend qualifiziertes Putzpersonal, ausreichend Material für Betrieb und Wartung usw.). Dies alles ist in erster Linie eine Frage der Information, in der Form von Kommunikation, von Akzeptanz, von Zuteilung von Verantwortlichkeiten usw.

Von Beginn an lag ein Hauptaugenmerk bei der ökologischen Entwicklung der VVU darin, die Information darüber über die Grenzen des VVU-Campus hinauszutragen und bekannt zu machen, welch positives Beispiel hier an der VVU entsteht, über die Erfahrung damit und das, was an Lektionen gelernt wurde.

Ein Beispiel für solche Maßnahmen sind Informationstafeln auf dem Campusgelände, die den Besuchern wichtige Informationen zu den verschiedenen Standorten und Installationen geben. Eine große Informationstafel, die einen allgemeinen Überblick über die ökologische Entwicklung der VVU zeigt, wurde direkt am Eingang des Campus aufgestellt.

Mehr Information wird auf den Seiten von IÖV und VVU und der anderen kooperierenden Institutionen im Netz eingestellt, in Veröffentlichungen wie diesem Buch und in Flugblättern über die verschiedenen Themenfelder, wie z. B. ökologisches Bauen, nachhaltige Energie, nachhaltige Landwirtschaft und dem ökologischen Masterplan usw.

4.3.4 Maßnahmen eines integrierten Informations- und Qualitätsmanagements an der VVU

Für die langfristige Funktion (Nachhaltigkeit) eines sich entwickelnden Ökosystems wie die Valley View University sind Akzeptanz und die Übernahme von Verantwortung entscheidend. Dazu wurden verschiedene Methoden entwickelt, angewandt und erprobt. Zu diesen gehören Appreciative Enquiry (Wertschätzendes Erkunden), Theorie-U, Weltcafé, Kreis, Klausuren und Werkstätten, QM-Fragebögen usw.

Zwei Veranstaltungen im Verlauf des Programms sollen dies veranschaulichen: Es gab 2006 eine erste Klausur aller Projektpartner; 2010 wurde als Abschluss des Klimaprogrammes eine internationale Werkstatt Clympsis2010 veranstaltet.

4.3.4.1 Klausur in Dodowa 2007

Als Teil der ökologischen Entwicklung der VVU wurde diese spezielle Klausur gemeinsam von VVU und der Ingenieurökologischen Vereinigung IÖV organisiert. Es wurde dazu ein Ort außerhalb der Valley View University gewählt, nämlich das Marina Hotel in der nahegelegenen Stadt Dodowa. Die Veranstaltung fand in der Zeit vom 26. bis 27. Februar 2010 statt.

Hauptanliegen dieser Veranstaltung war es, die volle Beteiligung und Mitwirkung der Universität zu erreichen, was eine wesentliche Voraussetzung darstellt für das langfristige Funktionieren und den Erfolg der ökologischen Programme an der VVU überhaupt.

Nahezu 40 Teilnehmer nahmen an dieser zweitägigen Klausur teil. Die ghanaischen Teilnehmer standen stellvertretend für die wichtigsten Teile und Bereiche der Universität: Arbeiter aus der Landwirtschaft, Personal der Universitätsbauabteilung und der Putztruppe, Studenten, Lehrer, Pastoren, die Verantwortlichen für die Studentenwohnheime und die Mitglieder der Universitätsleitung.

Die Klausur begann mit einem Kreis. Alle Teilnehmer stellten sich vor und drückten ihre Wünsche und Bedürfnisse für die kommenden zwei Tage aus.

Danach folgten Weltcafé-Runden. Im Weltcafé setzen sich vier bis fünf Menschen an einen runden Tisch zusammen, wo sie eine Frage zusammen bearbeiten und die Ideen dazu in höchstens zwanzig Minuten niederschreiben. Danach wechseln sie zu anderen Tischen, lediglich eine Person, nämlich der Gastgeber des Tisches, der auch die Erkenntnisse auf einem Flipchartpapier niederschreibt, bleibt. Dieser Gastgeber erklärt dann den neu Hinzugekommenen kurz die Erkenntnisse, dann arbeitet die neue Gruppe auch wieder zwanzig Minuten an einer neuen Frage. Für jeden Themenbereich wird dies zwei- bis dreimal wiederholt, was einen sehr schnellen Abruf von Ideen und Einsichten erlaubt und gleichzeitig sehr schnell das gegenseitige Kennenlernen ermöglicht.

Dies wurde in dieser Klausur mit dem Vorgehen des Appreciative Enquiry (AE) kombiniert, das ausschließlich positiv und ermutigend ist. Es besteht aus vier Schritten, nämlich Discovery, Dream, Design und Destiny, auf Deutsch: Bestandsaufnahme, Vision, Gestalt und erste Maßnahmen. In dieser Klausur wurden die Weltcafé-Runden Ökocafé-Runden genannt und gaben damit auch treffend das Thema der gesamten Klausur wieder. Die Fragen der ersten drei Runden (Bestandsaufnahme) beschäftigten sich mit den schon bereits existierenden Positiven einer Ökouniversität an der VVU. Im zweiten Schritt (Vision) wurde geklärt, wie die Vision einer Ökouniversität am Beispiel der VVU ausschauen könnte, immer unter der Voraussetzung, dass es keine Engpässe in den Ressourcen geben würde, seien sie finanzieller oder personeller Art. Der dritte Schritt beschäftige sich dann damit, wie diese Vision tatsächlich Gestalt in der Ökouniversität Valley View gewinnen könnte. Dazu wurde eine Menge interessanter Vorschläge für die verschiedenen Bereiche der Umsetzung gemacht. Die Gastgeber der Tische stellten diese dann der Vollversammlung vor, alle Ergebnisse wurden in einer Gedankenskizze zusammengefasst, sodass die wichtigsten Dinge auf einen Blick ersichtlich waren. Hier konnte dann jeder Teilnehmer zwei Punkte vergeben für jedes der hier notierten Themen, und daraus konnten ganz klar die Schwerpunkte der Gruppe abgelesen werden.

Im letzten Schritt dieses Prozesses wurden die Maßnahmen, Verantwortlichkeiten, Indikatoren für deren Erfüllung, Zeitpunkte und unterstützenden Organisationen herausgearbeitet. Die Arbeit während dieser Klausur wurde durch eine Exkursion zu den bereits verwirklichten Maßnahmen der ökologischen Kreisläufe aufgelockert. Dazu zählten das neue Sanitärgebäude, Urintanks, Behälter für Regenwasser und Grauwasser, die eindrucksvollen Versuche in der Landwirtschaft, die Biogasanlage und die Biogaskochstelle in der Küche der Cafeteria sowie die Solaranlage für die Produktion von Warmwasser, das der Küche zur Verfügung gestellt wird. Die Exkursion endete dann um den höchsten Baum des Campus, als Erinnerung an alle nicht menschlichen Lebewesen in diesem Campusökosystem.

Der Abschluss dieser Klausur fand unter einem großen Bambusbaum im Garten des Marina Hotels statt, in der Form eines Abschlusskreises. Jeder der Teilnehmer gab hier eine Zusammenfassung im Vergleich mit seinen ursprünglichen Erwartungen, die Eindrücke und einen persönlichen Ausblick für die eigene zukünftige Teilnahme an der ökologischen Entwicklung der VVU und der hier sich ergebenden Tätigkeitsfelder.

Alle Teilnehmer gingen mit dem Eindruck nach Hause, dass diese Klausur ein großer Schritt für eine wirkliche Beteiligung an der ökologischen Entwicklung der VVU war. Das gemeinsame ökologische Programm, das auch heute noch immer weiter fortgeführt wird, zeigt die positive Auswirkung von solchen Maßnahmen auf dem Gebiet eines ganzheitlichen Informations- und Qualitätsmanagements.

4.3.4.2 ClimSys2010: Internationale Werkstatt zu klimafreundlichen Ökosystemen

Zum Abschluss des Klimaschutzprogramms an der Valley View University und als Teil der strategischen Vorgehensweise, um an der VVU das langfristige Funktionieren der Maßnahmen der ökologischen Entwicklung sicherzustellen, wurde eine internationale Werkstatt als letzter Schritt organisiert. Dabei sollte die Vorstellung der bisher umgesetzten Maßnahmen diese bekannt machen und dazu beitragen, dass sie auch an anderen Stellen zum Einsatz kommen. Weiter sollte die Werkstatt die Akzeptanz innerhalb und außerhalb der VVU verbessern, sie sollte ermöglichen, Einsichten und Empfehlungen der Teilnehmer zur Gestaltung, Umsetzung und zum

Betrieb von nachhaltigen Ökosystemen ganz allgemein beizutragen. Um diesen notwendigen Austausch und eine offene Atmosphäre zu erreichen, wurde die Werkstatt mit nur wenigen Vorträgen organisiert.

Der volle Titel der Veranstaltung war: International Workshop on climate friendly ecosystems (Internationale Werkstatt zu klimafreundlichen Ökosystemen).

Die Hauptfrage war: Gibt es erfolgreiche und ganzheitliche klimafreundliche Lösungen, die für andere als Beispiel dienen können? Diese Beispiele sollten eine wirkliche Integration von Ökologie, Ökonomie und Sozialem zeigen, die als solche auch von Anfang an beabsichtigt war und die zumindest zu einem gewissen Umfang auch verwirklicht werden konnte. Weiter sollte die Lösung auch ein ganzheitliches Informationsmanagement beinhalten, das ein tiefes gegenseitiges Verstehen der verschiedenen Traditionen, Lebensstile und soziokulturellen Hintergründe umfassen sollte. Dabei sollte diese Integration in ein neues System auch in Harmonie mit den umgebenden Ökosystemen und mit dem globalen Ökosystem Gaia sein.

Auf Grundlage des erfolgreichen Beispiels der Valley View University und anderer positiver Beispiele wussten wir, dass dies grundsätzlich möglich ist: Es gibt erfolgreiche, ganzheitliche Lösungen für menschliche Siedlungen, für Wasserbehandlung und Kreisläufe, für eine harmonische Kooperation und für einen wirklichen Dialog. Deswegen bestand die Aufgabe darin, nach weiteren Beispielen Ausschau zu halten, unser Wissen und das gemeinschaftlich vorhandene Wissen über nachhaltige Ökosysteme im Dialog auszutauschen sowie Visionen und Wege zu erfolgreichen nachhaltigen Lösungen und deren Umsetzung zu entwickeln.

Die Teilnehmer kamen aus verschiedenen Fachgebieten und standen so stellvertretend für die verschiedenen Teilnehmer in den möglichen Prozessen, solche nachhaltigen Systeme zu verwirklichen. Es waren unter anderem folgende Bereiche vertreten: Architektur, öffentliche Verwaltung, Bildungswesen, erneuerbare Energien, Forschung und Entwicklung, Sozialwissenschaften, Wassereinzugsgebietsmangement und Betrieb und Wartung. Teilnehmende Teilnehmer waren Architekten und Ingenieure, Pastoren, Politiker, Forscher, Lehrer und Studenten, Arbeiter, Menschen aus Behörden und Nichtregierungsorganisationen.

Um wieder eine offene Atmosphäre von Begeisterung und Bereitschaft, Ideen, Einsichten sowie gute und schlechte Erfahrungen zu teilen und zu erreichen, wurden der positive Ansatz und die Vorgehensweisen der Klausur von 2007 und die des internationalen Symposiums Ecosys09 an der Valley View University (Frühjahr 2009) wieder verwendet und weiterentwickelt. Auf diese Weise kamen das Vorgehen des Appreciative Enquiry und Weltcafés, Methoden wie Weltcafé-Runden, Gedankenskizzen, Exkursionen zu bestehenden positiven Beispielen wieder zum Einsatz – angepasst an die Teilnehmerrunde, die dieses Mal nicht nur intern, sondern international besetzt war und aus einem weiten Feld von Tätigkeitsfeldern und Erfahrungen stammte.

Die Werkstatt fand an der Valley View University von Dienstag, den 23., bis Donnerstag, den 25. Februar 2010, statt.

In der Eröffnungsfeier (Abb. 4.9) wiesen die ghanaischen Minister für Familie sowie für Umwelt und Technologie und der Vertreter der deutschen Botschaft darauf hin, dass es notwendig ist, nachhaltige Lösungen und Beispiele wie die der Valley

Abb. 4.9 Feierliche Eröffnung der ClimSys2010-Werkstatt am Baobab-Center

View University zu verwirklichen. Sie drückten beide ihren Wunsch aus, dass diese Art von Lösungen vervielfacht werden sollte, z. B. als Ökodörfer in Ghana.

Die Veranstaltungen am Nachmittag richteten sich besonders an Studenten und Lehrpersonal der VVU, wobei das Bild der Arche Noah als Leitidee genutzt wurde. Danach konnten die Teilnehmer die verschiedenen verwirklichten Beispiele unter fachkundiger Einführung der jeweils Zuständigen kennenlernen. Und der Nachmittag wurde abgeschlossen mit einer Baumpflanzaktion, bei der die Studenten pflanzten.

Am zweiten Tag begann die eigentliche Werkstatt für eine begrenzte Nummer von Teilnehmern, die mit ökologischen Lösungen und insbesondere ökologischen Siedlungen Erfahrungen hatten. Zuerst wurden in verschiedenen Klimaprojekten an der Valley View University die umgesetzten Maßnahmen vorgestellt (Abb. 4.10), vor allen Dingen das Baobab-Center für ökologische Studien, die Baumpflanzung und der Erhalt von Vegetation, die Langzeitregenwasserspeicher unter den Erschließungsstraßen, die Wasserbehandlung und die Produktion von Sachetwasser. Danach folgten ein intensiver und vertrauensvoller Austausch sowie anregende Diskussionen der Teilnehmer mit dem jeweils verantwortlichen Partner. Eine weitere Exkursion führte zu African Often Aid, einem Dorf, das die Verwirklichung von ökologischen Lösungen unter ganz anderen Rahmenbedingungen anschaulich machte.

Ein großer Teil der Zeit der Werkstatt konnte damit verbracht werden, dass Ideen und Know-how zwischen den Teilnehmern ausgetauscht wurden, z. B. in Weltcafé-Runden. Auch hier wurde das Vorgehen des Appreciative Enquiry in vier Stufen eingesetzt: die gemeinsame Bestandsaufnahme von existierenden positiven Beispielen, die Entwicklung einer gemeinsamen Vision von harmonischen klimafreundlichen Siedlungsökosystemen, das Entwickeln von Formen solcher Ökosysteme und die Ermittlung der Schlüsselfaktoren für den langfristigen Erfolg solcher Projekte und zum Schluss die gemeinsame Festlegung erster konkreter Schritte.

Abb. 4.10 Offizielle Übergabe der umgesetzten Maßnahmen am Baobab-Center

Im gesamten Programm spielten auch Musik und ghanaische kulturelle Tanzveranstaltungen eine wichtige Rolle.

Am letzten Tag wurden dann die Ergebnisse zusammengetragen und in einer farbenprächtigen ghanaischen Abschlusszeremonie gewürdigt.

Als Teil des Qualitätsmanagements wurden am Anfang und am Ende der Veranstaltung Fragebögen verteilt, mit deren Hilfe sich die Erfüllung der Erwartungen, die Erkenntnisse und Lernerfahrungen zur zukünftigen Verbesserung solcher Informationsveranstaltungen abrufen lassen.

Bei dieser Werkstatt wurden bereits ausgewertete Erfahrungen der letzten Veranstaltungen zur Verbesserung eingesetzt; hier bestand das Organisationskomitee aus lediglich sechs Mitgliedern, die alle aus eigenem Antrieb und eigener Entscheidung engagiert mitwirkten. Aus dem Klimaprogramm wurde für die Organisation auch direkt Geld verfügbar gemacht, um so die zusätzlichen Aufwendungen der Mitglieder für die Arbeiten und Tagungen, die am Wochenende und in der Freizeit geleistet wurden, durch einen kleinen finanziellen Beitrag ausgleichen zu können.

In der Exkursion nach der Werkstatt konnten die Teilnehmer ihren Horizont erweitern, ihre persönlichen Verbindungen vertiefen und sich auch intensiv über mögliche zukünftige Projekte austauschen. Die Exkursion sollte dem Besuch des Beispiels der Songaibewegung in Benin dienen.

Dabei war diese Exkursion in verschiedener Hinsicht ganz besonders: Obwohl die Entfernung dorthin in Kilometern nur kurz war, machte es die erforderliche Zeit, die Visa zu besorgen und die Grenzen zu passieren, unmöglich, dieses Ziel in der vorgesehenen Zeit zu erreichen. Zusätzlich wurde dies noch erschwert durch Gefahren auf dem Weg dorthin in Richtung Nigeria, wo sich erst kürzlich ganz schwere Zwischenfälle ereignet hatten. Gerade unter diesen besonderen Belastungssituationen zeigten die Teilnehmer ihre besten Seiten, überwanden die erste Enttäuschung darüber, nutzten die zusätzliche Zeit für den Austausch und machten dadurch die

Exkursion zu einer positiven gemeinsamen Erfahrung, die die Beziehung zwischen den einzelnen Teilnehmern weiter vertiefte.

4.3.5 Die wichtigsten Erkenntnisse

Ein integriertes Informations- und Qualitätsmanagement, das in seiner vollen Tiefe, Weite und Langzeitwirkung verstanden und umgesetzt wird, ist für alle Entwicklungsprojekte und deren langfristigen Erfolg von entscheidender Bedeutung. Sie müssen deshalb ganz von Anfang an und langfristig bis weit über die kurzfristigen Projekte hinaus zur Anwendung kommen. Die an der VVU angewandten, entwickelten und erprobten Vorgehensweisen und Methoden haben sich dabei als hilfreich herausgestellt.

Weil dieses Vorgehen einerseits für ökologische Projekte noch relativ neu ist, andererseits jedes Projekt gerade hinsichtlich dieses Bereiches ganz unterschiedlich ist, empfiehlt es sich, das Vorgehen als ständigen gemeinsamen und gegenseitig sich befruchtenden Lern- und Entwicklungsprozess zu sehen. In dessen Verlauf werden dabei in stetem tiefen intensivem Dialog mit allen Beteiligten die jeweils beste Vorgehensweise sowie die besten Methoden und Werkzeuge eingesetzt und entsprechend angepasst.

4.4 Gestaltung von Vegetation und Grünflächen

Dietmar Simmering und Annette Otte

4.4.1 Naturschutz und Biodiversitätsmanagement

4.4.1.1 Landnutzung auf dem Campus

Das 1979 gegründete Valley View College, welches erst 1997 zur Universität wurde, siedelte im Jahre 1989 von seinem ersten Standort in Accra nach Oyibi um. Das neue, 105 ha große, im ländlichen Umfeld gelegene Gelände wurde der VVU, entsprechend der lokalen Landrechtstradition, in 99-jähriger Erbpacht von den Besitzern (Chiefs und Familien der Ga) übereignet (Owusu-Mensa 2009).

Zu diesem Zeitpunkt bestand das Gelände aus Savannengebüschen, Weideland und etwas Brachland. Dieses Landnutzungsmuster war für die ländlichen Gebiete im Umfeld Accras typisch (vgl. Abschn. 4.1.1). Einige Bereiche des Geländes waren noch mit großen Bäumen bestanden (z. B. *Antiaris toxicaria* Lesh.), welche charakteristisch für die natürliche Trockenwaldvegetation der Accra Plains war. Noch zu Beginn des Lehrbetriebs waren diese Bäume das Nahrungshabitat einer Gruppe wildlebender Affen, bevor sie schließlich in den 1990er Jahren gefällt wurden.

Abgesehen von einigen Gebäuden, Wegen und etwas landwirtschaftlicher Fläche waren zu Beginn der Öko-Projekte im Jahre 2003 große Bereiche des Campus-Geländes sich selbst überlassen. Die ausgedehnten Savannen-Gebüsche, das „bushland", wurde von den Studierenden als feindliche Wildnis angesehen, während die benachbarte Landbevölkerung die frei zugängliche Fläche weiterhin als wichtige Quelle für Brennholz und Holzkohle nutzte. Teilbereiche wurden außerdem regelmäßig niedergebrannt, um Weidefläche für ihr Vieh zu schaffen.

Im Zuge der beginnenden ökologischen Entwicklung wurden die Funktionen und Leistungen der Vegetation (Abschn. 3.3.1) zunächst im ökologischen Masterplan (Abschn. 4.2.4) durch die Planung eines noch nicht näher definierten „Grüngürtels" und mit Beginn der landwirtschaftlichen Projekte im Jahre 2003 durch die Anlage von größeren Obstplantagen berücksichtigt. Die Universität und der Campus durchliefen in diesen Jahren eine rasante Entwicklung. Bis 2008 wurden bereits 27 % der Gesamtfläche von Gebäuden und den dazugehörigen, weitläufigen Grünflächen (parkartige Rasenflächen mit vereinzelten Bäumen) bedeckt. Weitere 21 % wurden landwirtschaftlich genutzt, 29 % waren für die weitere Entwicklung vorgesehen. Insgesamt 12 ha waren für den Grüngürtel reserviert.

4.4.1.2 Landschaftskontext

Aufgrund der zunehmenden Verstädterung durch expandierende Wohngebiete und einer damit unmittelbar zusammenhängenden Übernutzung natürlicher Ressourcen (Überbeweidung, Niederbrennen) sind nur noch kleinere Flächen mit Savannengebüschen und natürlicher Vegetation in der ehemals ländlichen Region um Accra erhalten (siehe Abschn. 4.1.1). Nennenswerte Flächen relativ ungestörter Gebüschsavanne und Trockenwälder sind im weiteren Umfeld der VVU nur in der nahegelegenen Pinkwae Sacred Grove (Abb. 4.12) oder im Shai-Hills-Reservat erhalten. Angesichts dieser Tatsache sind die verbliebenen, gut entwickelten Gebüsche auf dem Campus-Gelände offensichtlich auch für ein regionales Biodiversitätsmanagement sehr wertvoll. Das Vorgehen bei der Integrierten Gestaltung von Naturschutz und Biodiversität bei der Gestaltung von Siedlungsökosystemen wird am Beispiel der VVU nachfolgend erläutert, das grundsätzliche Vorgehen dazu zeigt Abb. 4.11.

4.4.1.3 Erfassung des Naturschutzwertes

Eine detaillierte floristische Erfassung der Savannengebüsche auf dem VVU-Gelände wurde erst im Jahre 2009 mit der Unterstützung ansässiger Botaniker durchgeführt (vgl. Abb. 4.13, 4.14, 4.15 und 4.16). Dadurch konnte eine überraschend große Anzahl von 117 Pflanzenarten in den Gebüschen nachgewiesen werden. Der Großteil davon, 95 Arten, müssen als einheimische Arten der Accra Plains und der natürlichen Gehölzsavannen angesehen werden. Unter diesen befanden sich 26 Straucharten, 23 Kletterpflanzen und 26 Baumarten. Von diesen wiederum werden immerhin 27 Arten von Experten als auf nationaler Ebene „bedrohte Medizinalpflanzen" eingestuft. Die Gefährdungsursachen für die meisten dieser Arten sind in der Habitatzerstörung und ihrer jeweiligen Übernutzung als Medizinalpflanzen zu sehen (Abbiw 1990, ohne Jahr).

Angesichts der Ergebnisse dieser Arteninventur wurde im Projekt die Absicht konkretisiert, eine größere Fläche der bedrohten Savannengebüsche auf dem VVU-Gelände nachhaltig zu erhalten und in einen Trockenwald zu entwickeln.

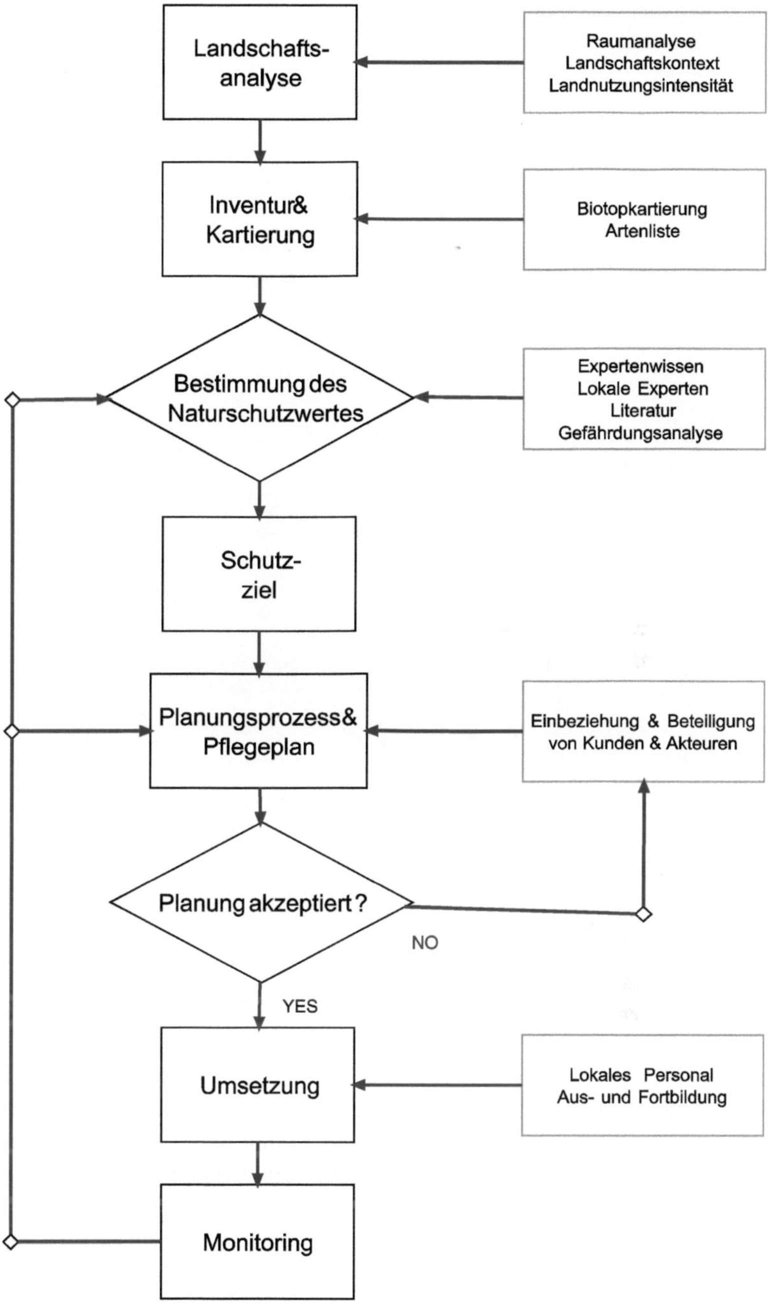

Abb. 4.11 Wie Naturschutz und Biodiversität in die Gestaltung von Siedlungsökosystemen integriert werden können

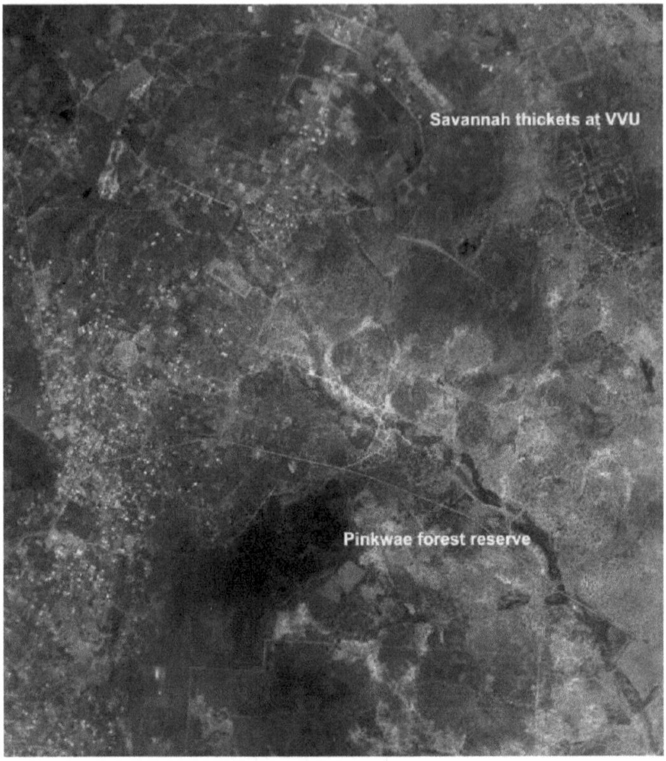

Abb. 4.12 VVU-Campus und das Pinkwae Waldreservat sind die letzten Reste halb natürlicher Savannengebüsche und natürlichen Trockenwaldes im Gebiet (*dunkle Farben* im Satellitenbild; Google Earth)

4.4.1.4 Gefährdungsanalyse

Viele Baumarten wurden in den Gebüschen des VVU-Geländes nur in sehr geringer Individuenzahl und/oder als Jungpflanze bzw. als vereinzelter Austrieb aus mehrfach abgeschnittenen Wurzelstöcken vorgefunden. Ausgewachsene Bäume der klein bleibenden Savannenarten kommen so gut wie nicht vor. Dies ist das Resultat der unkontrollierten Beweidung und des regelmäßigen Abbrennens der Gebüsche durch Hirten und Jäger sowie der Brennholzwerbung und Köhlerei benachbarter Dorfbewohner (Abb. 4.17). Eine weitere Gefährdung ergibt sich aus der zunehmenden Ausbreitung von eingebürgerten, zur Dominanz neigenden Arten. Unter den Bäumen sind dies der häufige Neem-Baum (*Azadirachta indica,* Abb. 4.18) und die Weißkopfmimose (*Leucaena leucocephala*). Als lästige Unkräuter in den gesamten Tropen bekannt sind die undurchdringliche Dickichte bildende, spreizklimmenden Sträucher Wandelröschen (*Lantana camara*) und Chromolaena (*Chromolaena odorata*). Die Bereiche, die auf dem Gelände von diesen Arten eingenommen werden, sind allerdings vorwiegend für die weitere Bauentwicklung des Campus vorgesehen. Die Areale, die den größten Anteil artenreicher Gebüsche auf-

Abb. 4.13 Attraktive Pflanzen der Savannengebüsche: Dichapetalum madagascariense

Abb. 4.14 Millettia thonningii

weisen, sind glücklicherweise zwischen dem eigentlichen (geplanten) Campus und den Landwirtschaftsflächen gelegen. Im ursprünglichen ökologischen Masterplan waren diese Bereiche bereits als Grüngürtel vorgesehen. Daher waren nur geringfügige Anpassungen der ursprünglichen Planung nötig, um den Schutz relevanter Flächen mit artenreichen Gebüschen zu ermöglichen, ohne die weitere Entwicklungsplanung zu beeinträchtigen.

Abb. 4.15 Clerodendron capitatum

Abb. 4.16 Scadoxus multiflorus

4.4.1.5 Schutzziel und Managementplanung

Das Vorhaben, einen größeren Anteil der Savannengebüsche zu erhalten, resultierte in der Abgrenzung einer 18 ha großen Schutzfläche (Abb. 4.19). Das Schutzziel für die Fläche ist die Zulassung einer ungestörten Sukzession von den derzeitigen Gebüschen zu einem natürlichen Trockenwald (Abschn. 4.1.1, Abb. 4.4). Um dieses Ziel zu erreichen, ist es von besonderer Bedeutung, die externen Gefährdungsursachen einzuschränken bzw. aufzuheben (Brennholzwerbung, Feuer, Beweidung). Darüber hinaus muss die weitere Ausbreitung der invasiven Arten durch selektive Maßnahmen begrenzt werden.

Abb. 4.17 Bedrohung für das artenreiche Savannengebüsch: unkontrolliertes Abbrennen zur Schaffung von Weideland

4.4.1.6 Beteiligung lokaler Akteure

Vorläufige Ergebnisse der floristischen Bestandsaufnahme und ihre Relevanz für Biodiversität und Naturschutz auf regionaler Ebene wurden im Klimaschutz-Projekt bereits frühzeitig mit zentralen Akteuren während einer Klausurtagung (Abschn. 4.3.4) diskutiert. Die Lage der Schutzgebiete und die Managementplanung wurden dann später im Detail mit den Entscheidungsträgern der VVU beraten.

Verständnis, Unterstützung und Akzeptanz für die Vorschläge waren allgemein gut, sodass nur geringe Anpassungen der vorgelegten Planung nötig waren. Der Aufwand zur universitätsinternen Ausweisung großer Bereiche des Grüngürtels als Schutzgebiet war damit begrenzt.

4.4.1.7 Umsetzung

In einem ersten Schritt wurden die genaue Lage und die Grenzen der geschützten Bereiche im Masterplan festgehalten. Hierdurch werden diese auch nach Projektende bei weiteren Bauaktivitäten Berücksichtigung finden. Zusätzlich wurde die Bedeutung der Gebiete für den Naturschutz mit den wichtigsten Akteuren auf allen Ebenen ausgiebig kommuniziert.

Als eine erste praktische Maßnahme wurden offene Bereiche, die aufgrund häufigen Niederbrennens ohne Gebüschvegetation waren, mit einer großen Zahl von Jungbäumen bepflanzt (Tree Islands, insgesamt 2 ha; Abschn. 4.4.2).

Ein weiterer erfolgreicher Schritt war die Einsetzung zusätzlichen Sicherheitspersonals. Diese Maßnahme dient nicht nur zur Absicherung der Schutzgebiete vor unbefugten Eindringlingen, die wildern oder Feuerholz sammeln wollen, sondern ist ebenso nötig, um die neu angepflanzten Obstplantagen vor Feuern zu schützen, die von den Hirten gelegt werden. Vor dem Einsatz dieser zusätzlichen Patrouillen

Abb. 4.18 Bedrohung für das artenreiche Savannengebüsch: Der invasive Neem-Baum überwächst einheimische Straucharten im Gebüsch

wurden in den ersten neun Monaten des Jahres 2009 vier Feuer gelegt, die unter anderem die neu gesetzten Ölpalmen zerstörten. Seit Beschäftigung des zusätzlichen Personals wurden keine weiteren Feuer gelegt.

Um allerdings diese entlegeneren Gebiete des Geländes – Schutzgebiete und Plantagen – wirklich nachhaltig vor unbefugten Eindringlingen zu schützen, wird es unvermeidlich sein, das Gebäude mit einer Mauer zu begrenzen. Mit Mitteln des Projekts konnten die ersten 400 m einer Ziegelmauer errichtet werden, die nach und nach das ganze Gelände eingrenzen soll. Die Mauer wurde in regelmäßigen Abständen mit ebenerdigen Löchern (25 × 28 m) versehen, um für Kleintiere passierbar zu bleiben (Abb. 4.20).

Abb. 4.19 Lage der Schutzgebiete auf dem Campus (Google Earth)

Abb. 4.20 Schlupfloch für Tiere

4.4.2 Baumpflanzungsprojekt – Öffentliches Grün an der VVU

4.4.2.1 Hintergrund und Ziele

In der Region um Accra ist das Klima trotz der zwei Regenzeiten für diesen Breitengrad ungewöhnlich trocken (Abschn. 4.1.1). Klimavorhersagen gehen davon aus, dass die Region sogar noch wärmer und trockener werden wird. Die letzten Jahre haben zudem bereits gezeigt, dass auch die zeitlichen Muster der Regenfälle immer unberechenbarer werden. Eine Möglichkeit, um sich an den erwarteten Klimawandel anzupassen, ist die Verbesserung des lokalen Mikroklimas durch die Anpflanzung von Bäumen (z. B. Lyle 1999) (Abb. 4.21).

Eine der vier Säulen im Klimaschutz-Projekt an der VVU war deshalb das „Tree Planting Project" (Baumpflanzungsprojekt) (Abschn. 4.2.2). Das ursprüngliche Ziel dieses Teilprojekts war die Verbesserung des Mikroklimas, insbesondere die Bereitstellung von Schatten und Kühlung durch die Anpflanzung zusätzlicher Bäume. Diese sollten gleichzeitig dazu dienen, das Musterbeispiel der ökologischen Entwicklung an der VVU auch visuell für die Studenten und Nachbargemeinden erlebbar zu machen; denn weder die traditionellen Dörfer der Umgebung noch die neuen Wohngebiete zeichnen sich in der Regel durch eine nennenswerte Anzahl von Bäumen auf öffentlichen Plätzen und in Privatgärten aus. Diesen, trotz der starken Sonne, weitgehend baumlosen Siedlungen liegt vermutlich eine traditionell tief verwurzelte, aber überwiegend unbegründete Angst vor Baum-bewohnenden Schlangen zugrunde. Der Mangel an Bäumen (und Grünflächen allgemein) führt in der tropischen Hitze zu einer weiteren Aufheizung und Austrocknung. Zusätzlich zu den staubigen Straßen im schlechten Zustand, dem starken Autoverkehr, der mangelhaften Wasser- und Abwasserversorgung ist er somit eine Ursache für die allgemein unangenehmen Lebensumstände in den Siedlungen der VVU-Umgebung.

Sogar vor Beginn der Öko-Projekte war der VVU-Campus bereits bei Gästen und Studierenden aus der Stadt für die üppige und erholsame Begrünung bekannt und beliebt. Das Ziel im Baumpflanzungsprojekt war es, auf diesen Erfahrungen aufzubauen und eine weitere Optimierung der Grün- und Freiflächen zu erreichen. Ein weiteres Ziel war die Integration der Anpflanzungen in die etablierten Nährstoffkreisläufe und die Regenwassersammlungen.

In wenigen ersten Gesprächen wurden vorläufige Vorschläge gesammelt, Ideen entwickelt und mögliche Optionen mit der Universitätsleitung und lokalen Experten diskutiert. Ein daraus entstandenes erstes Konzept wurde den auf allen Ebenen beteiligten Akteuren während einer Klausurtagung in der Frühphase des Projekts vorgestellt. Hierbei wurden die Ziele und die Ausrichtung der geplanten Maßnahmen offen kommuniziert. Einer aktiven Beteiligung der Akteure an der Weiterentwicklung der Ideen wurde während der Klausur breiter Raum gegeben.

Ein nochmals angepasstes, finales Konzept für die Pflanzmaßnahmen, welches auch Ideen enthielt, die während der Klausur entwickelt wurden, konnte anschließend durch die Entscheidungsträger autorisiert werden. Ein Haushaltsplan wurde mit der Beteiligung lokaler Experten aufgestellt.

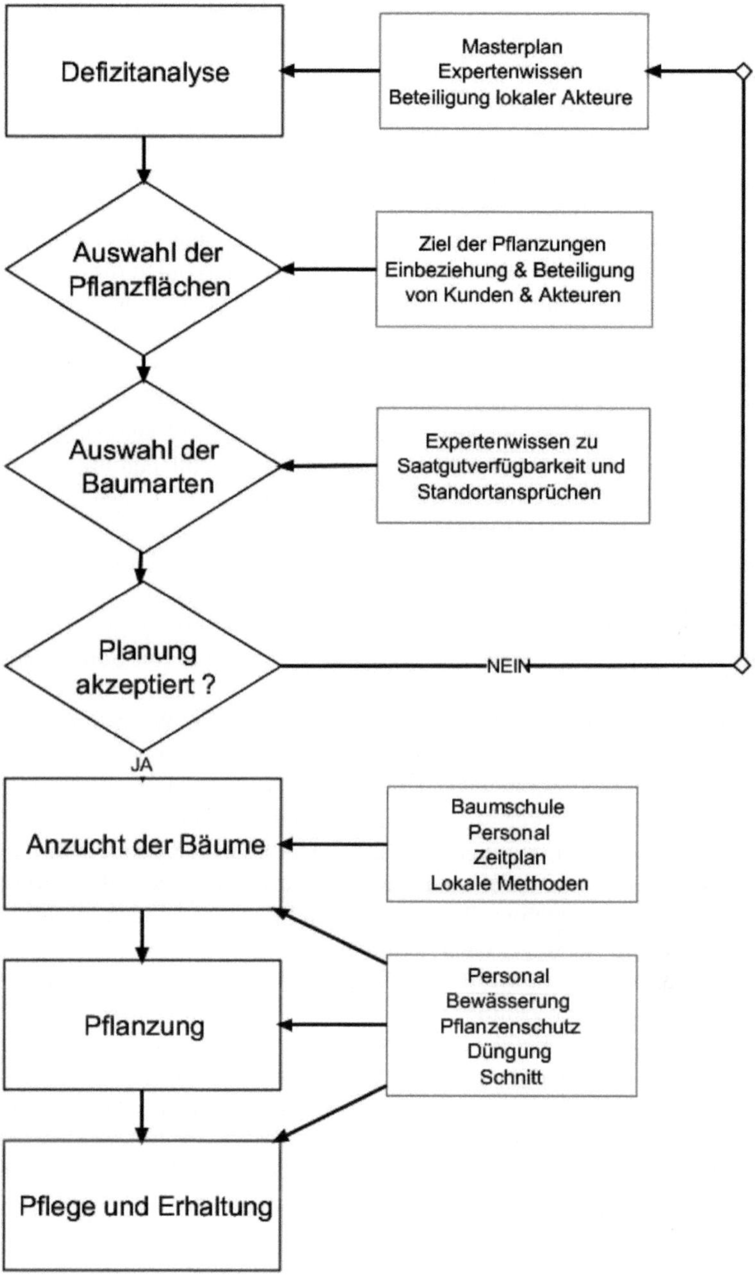

Abb. 4.21 Ablauf des Baumpflanzungsprojekts an der VVU

4.4.2.2 Ausgangssituation und Planungsprozess

Wie in jedem anderen Planungsprozess auch, erforderte das Baumpflanzungsprojekt eine vorhergehende und umfassende Analyse der Ausgangssituation.

Der bereits entwickelte Campus der Universität (ca. 25 % des Geländes) wies schon große Flächen gepflegter Grünanlagen auf. Diese wurden überwiegend als Rasen gepflegt, zeigten allerdings in Teilbereichen auch schon eine begrenzte Zahl älterer Bäume. Den Wegen und Straßen auf dem überwiegend autofreien Campus fehlten dagegen Schatten spendende Straßenbäume. Einige degradierte Offenflächen in den noch nicht entwickelten Savannengebüschen standen für Aufforstungen zur Verfügung, und auf mehreren Hektar Brachland konnten Baumplantagen angepflanzt werden.

Bäume pflanzen in den Tropen: I. Verfügbarkeit von Pflanzmaterial

In den Tropen erfordern die Anzucht und Pflanzung von Bäumen einige grundlegende Abweichungen von den in kälteren Klimaten üblichen Praktiken.

In gemäßigten Breiten werden Bäume gewöhnlich bis zur gewünschten Größe in Baumschulen herangezogen. Das Ver- und Umpflanzen erfolgt in der Regel im Winterhalbjahr, wenn die Bäume in ihrer Ruhephase sind. In den Tropen fehlt uns eine längere Phase der Stoffwechselruhe. Das Ausgraben und Umpflanzen von eingewurzelten Bäumen ist daher meistens nicht erfolgreich. Die Verwendung von ballenloser Pflanzware oder das Verpflanzen von Solitärbäumen ist somit nur auf sehr wenige Ausnahmen begrenzt möglich.

Dieser Nachteil wird allerdings durch das schnelle Wachstum gepflanzter Sämlinge nahezu ausgeglichen. Deshalb werden üblicherweise in Containern (Töpfe oder Beutel) herangezogene Sämlinge und Veredlungen zur Pflanzung verwendet. Sie sind in der Regel weniger als ein Jahr alt und haben eine Größe von 50–120 cm (vgl. Longman 1993–2003; Upton und de Groot 2008). Größere Bäume könnten in größeren Containern herangezogen werden, aber aufgrund der erforderlichen, kostspieligen Infrastruktur und der mangelnden Nachfrage sind solche Bäume in der Regel nicht erhältlich.

Noch schwieriger als die Beschaffung von Bäumen der gewünschten Größe ist es, bei einem engen Zeitplan die bevorzugten Arten zu erhalten. In entwickelten Ländern wird ein breites Sortiment von zahlreichen kommerziellen Baumschulbetrieben vorgehalten. In Entwicklungsländern ist die Zahl der Baumschulbetriebe dagegen meist genauso klein wie das Sortiment. Werden überhaupt Bäume angeboten, so handelt es sich in der Regel nur um wenige Obstbäume oder beliebte Forstbäume (z. B. Teak, *Tectona grandis*). Ein etwas größeres Sortiment kann unter Umständen über Botanische Gärten oder staatliche Forstbaumschulen beschafft werden.

4.4.2.3 Zeitplan

Aufgrund der begrenzten Projektdauer stand für die Planung, die Anzucht der Bäume und die Pflanzung insgesamt nur ein Zeitraum von einem Jahr zur Verfügung. Daraus folgte, dass nicht genügend Zeit für die sorgfältige Auswahl geeigneter Baumarten und geeigneten Saatguts verfügbar war (siehe Info-Boxen). Der Zeit-

Abb. 4.22 Umgetopfte Sämlinge in der VVU Baumschule (Savannen-Mahagoni, Khaya senegalensis, ein exzellenter, einheimischer Straßenbaum)

druck erforderte es, dass schon mit der Anzucht der Sämlinge begonnen werden musste, bevor die Planung der Maßnahmen abgeschlossen war. Hieraus folgte, dass z. T. Baumarten mit erhältlichem Saatgut angezogen wurden, die sich später als ungeeignet erwiesen. Andere, gut geeignete Baumarten konnten dagegen nicht angezogen werden, weil jahreszeitlich bedingt kein Saatgut vorhanden war.

Glücklicherweise stand allerdings schon eine kleine Baumschule (Abb. 4.22) zur Anzucht der Sämlinge sowie erfahrenes Personal zur Verfügung. Die Anzucht konnte dadurch im ersten Monat des Projekts bereits beginnen. Die Pflanzung wurde vom 7. bis zum 10. Monat durchgeführt. Diese war abhängig von den Regenfällen und dem Wachstum der jeweilig zur Pflanzung vorgesehenen Bäume.

Bäume pflanzen in den Tropen: II. Die eigene Anzucht von Sämlingen

Die begrenzte Verfügbarkeit (siehe Box I), das schnelle Wachstum der Sämlinge und auch die vergleichsweise einfachen Kultivierungsmethoden legen nahe, für größere Pflanzungsprojekte eine eigene Baumschule einzurichten – sei es nur zeitlich begrenzt oder dauerhaft. Es gibt eine Reihe guter Anleitungen, die sich mit den Erfordernissen und möglichen Fallstricken bei der Einrichtung einer Baumschule beschäftigen (z. B. Upton 2008; Harum und Moestrup 2010; siehe auch CL in Abschn. 7.4.2). Im Falle des Baumpflanzungsprojektes an der VVU standen erfreulicherweise erfahrene Fachleute und Gärtner zur Verfügung, die ihr Wissen über die üblichen Kultivierungsmethoden einbrachten.

Die Sämlinge werden üblicherweise in kleinen Polyethylen-Beuteln herangezogen („poly bags", „rubber bags", „nursing bags"). In Abhängigkeit von der Samengröße wird entweder direkt in die Beutel gesät oder später nach dem Auflaufen im Saatbett in die Beutel pikiert. Übliche Beutelgrößen liegen zwischen 300 ml und 1 l. Häufig werden die Sämlinge schon nach wenigen Wochen Anzucht, sobald sie den Anzuchtbeutel annähernd durchwurzelt haben, gepflanzt. Dies führt allerdings meistens zu großen Ausfällen. Deshalb sollte mehr Zeit und Mühe in die Anzucht investiert werden, besonders wenn die Verfügbarkeit von Saatgut und Sämlingen begrenzt ist. Es bietet sich als Zwischenschritt ein Umtopfen in größere Beutel (4–7 l) und eine Weiterkultur für zwei bis drei Monate an. Auch im VVU-Projekt führte diese Methode zu sehr guten Ergebnissen mit wenigen Ausfällen.

Bäume pflanzen in den Tropen: III. Die Auswahl der richtigen Baumarten

Die grundlegende Herausforderung in jedem Pflanzungsprojekt ist die Auswahl der richtigen Baumarten. Allgemein sollten die ausgewählten Arten an die im Projektgebiet vorliegenden Standortbedingungen hinsichtlich Wasserversorgung und Bodenqualität angepasst sein. Besonders in ariden Klimaten, die aufgrund des Klimawandels mit zunehmenden Dürren zurechtkommen müssen, muss der Wasserbedarf besonders berücksichtigt werden. Dort sollten nur dürreresistente Arten zum Einsatz kommen.

Weiterhin ist natürlich auch der Zierwert der für das öffentliche oder private Grün ausgewählten Baumarten von großer Bedeutung für die Akzeptanz des Projektes. Aus landschaftsgestalterischer Sicht ist es darüber hinaus wichtig, dass sowohl die Wuchsform als auch die endgültige Größe dem beabsichtigten Zweck und dem zur Verfügung stehenden Raum entsprechen.

Je nach Zielsetzung der Pflanzungen gewinnen weitere Kriterien an Bedeutung: Wenn die Renaturierung halbnatürlicher und natürlicher Lebensräume sowie die allgemeine Förderung der Biodiversität im Vordergrund stehen, sollten vorwiegend einheimische Arten Verwendung finden.

Bei Pflanzungen, die zusätzlich auf die Produktion von Brennholz als erneuerbarer Energie abzielen, ist auf den Brennwert der gepflanzten Arten zu achten. Sollen die Pflanzungen und die späteren Ernten ein nachhaltiges Einkommen sichern, sind vor allem der ökonomische Wert und die Marktsituation der jeweiligen Baumfrüchte oder Holzprodukte zu berücksichtigen.

Abb. 4.23 Bio-Anbau von Mangos im vierten Jahr

4.4.2.4 Umgesetzte Maßnahmen

Die Baumpflanzungsmaßnahmen, die innerhalb des Projekts durchgeführt wurden, können in fünf Kategorien eingeteilt werden – jede mit einem anderen Schwerpunkt (Abb. 4.27).

Obstbaum-Plantagen (Fruit tree orchards) Die Mehrzahl der Bäume wurde gepflanzt, um die bereits z. T. in einem früheren Projekt angelegten, bestehenden 13 ha Baumkulturen (Mango, Cashew) zu ergänzen. Nun wurden weitere 6 ha mit Orangen, Mangos, Avocados und anderen Baumfrüchten bepflanzt (Abb. 4.23). Besonders die Orangen-Plantage ist als groß angelegter Feldversuch gedacht, um die Verwendbarkeit von Orangen im Klima der Region Accra zu demonstrieren. Ein regelmäßiger Bewässerungsrhythmus ist unter diesen Bedingungen absolut notwendig, aber durch die Grauwassersammlung in den Wohnheimen ist eine günstige Wasserversorgung gewährleistet. Das Grauwasser wird durch Rohrleitungen in große Tanks (Polytanks; 10.000 l) transportiert, die am Rande der Plantagen fest installiert sind. Die Bewässerung erfolgt überwiegend manuell durch landwirtschaftliche Hilfskräfte mit Eimern und Gießkannen. Mit der späteren Ernte soll die Cafeteria versorgt werden und eine Direktvermarktung an die Studierenden und auf lokalen Märkten erfolgen.

Arboretum/Haine (Groves) Bereits früh in der VVU-Geschichte wurde ein sogenannter „Botanischer Garten" angelegt, der als Sammlung verschiedener Baumarten allerdings eher einem Arboretum entspricht (Abb. 4.24). Große Bäume stehen im weiten Abstand auf einer gut gepflegten Rasenfläche. Dieses Arboretum ist bei den Studierenden bereits sehr geschätzt, sie nutzen das Gelände ausgiebig zum gemeinsamen Lernen und für Erholungspausen zwischen den Vorlesungen. Eine der

Abb. 4.24 Das Arboretum an der VVU

ersten Ideen, die seitens der VVU für die Pflanzmaßnahmen vorgeschlagen wurden, war daher die Erweiterung des bestehenden Arboretums durch die Einbeziehung des angrenzenden Brachlands. Die Fläche (2 ha) wies bereits einige einheimische Savannenbäume auf, die erhalten wurden. Offene Bereiche wurden zusätzlich mit verschiedenen Parkbäumen bepflanzt. Zuvor wurde das Gelände von der Spontanvegetation (vorwiegend das „Unkraut" *Chromolaena*) befreit, nivelliert und mit einem beliebten Rasengras bepflanzt.

Um schattige Erholungszonen auch an anderen Orten des Campus zu schaffen, wurden alle Bereiche identifiziert, die – ohne Konflikte mit anderen Nutzungsinteressen und Planungen hervorzurufen – für die Anpflanzung großer Bäume geeignet waren. Die Gesamtfläche dieser Bereiche belief sich ebenfalls auf 2 ha. Diese Flächen wurden mit verschiedenen Baumarten bepflanzt, um letztendlich schattige Haine, „shady groves", zu entwickeln.

Randbepflanzung – „Perimeter Planting" Der gesamte Grenzverlauf des VVU-Geländes (ca. 4 km) wurde mit einer Reihe von Straßenbäumen bepflanzt (Abb. 4.25). Sie sollen das Symbol für die nachhaltige Entwicklung an der VVU sein. Der Abstand zwischen den Bäumen beträgt 10 m. Sobald diese 400 Bäume eine gewisse Größe erreicht haben, werden sie in der baumarmen Nachbarschaft ein weithin sichtbares, positives Beispiel nachhaltiger Entwicklung setzen.

Bäume pflanzen in den Tropen: IV. Das richtige Saatgut

Um eine erfolgreiche Baumproduktion zu beginnen, sind verschiedene Hürden zu überwinden. Eine davon ist die begrenzte Verfügbarkeit ausreichender Mengen Saatguts der gewünschten Baumarten. Oftmals müssen die Samen aufwen-

Abb. 4.25 Randbepflanzung mit Savannen-Mahagonibäumen (Khaya senegalensis, einjähriger Sämling)

dig an verschiedenen Orten gesammelt oder bei lokalen Experten und Institutionen erworben werden.

Da viele Samen nur eine begrenzte Lebensdauer haben und noch dazu nur zu einer bestimmten Jahreszeit gesammelt werden können, ist es wichtig, genügend Zeit für die Beschaffung des Saatguts einzuplanen.

Großer Wert ist auf die Qualität der Samen zu legen. Nur mit gutem Ausgangs-Saatgut lassen sich gesunde und starke Bäume produzieren. Bei einigen Baumarten ist eine geringe Keimungsrate der Normalfall, dies sollte mit eingeplant werden. Erfahrenes Personal, eine ausreichende Zahl von Arbeitskräften und eine gute Betreuung sind in allen Fällen in dieser sensiblen Phase des Pflanzungsprojektes von großer Bedeutung. Longman (2003) gibt viele weitere Tipps zu diesem Thema.

Bauminseln – „Tree Islands“ Die offenen, degradierten Bereiche innerhalb der bestehenden Savannengebüsche (siehe Abschn. 4.4.1) wurden mit verschiedenen, vorwiegend einheimischen Baumarten bepflanzt (Abb. 4.26). Hierdurch wurde das Ziel verfolgt, auch hier Trockenwald zu etablieren, um so die wildlebende Flora und Fauna, die Biodiversität, zu unterstützen (vgl. Abschn. 3.3.3).

Deshalb wäre es wünschenswert gewesen, wenn nur seltene und einheimische Baumarten verwendet worden wären. Da diese aber zu Beginn der Anzucht nicht in ausreichender Zahl zur Verfügung standen, mussten Kompromisse eingegangen werden. Deshalb wurden auch einige exotische, aber standörtlich angepasste Arten für die Bepflanzung der Bauminseln verwendet.

Abb. 4.26 Kapokbaum-Sämling in einer „Baum-Insel“ (1,5-jährig, Ceiba pentandra)

Alleen Die meisten Straßen und Fußwege auf dem Campus lassen eine angemessene Beschattung vermissen. Da das Verkehrskonzept für die VVU das Gehen und Fahrradfahren als die wichtigsten Formen der Mobilität auf dem Campus vorsieht, war ein weiteres Ziel des Baumpflanzungsprojektes, hier für eine ausreichende Beschattung zu sorgen.

Der Fokus der Entscheidungsträger lag allerdings ebenso stark auf einer repräsentativen Bepflanzung der wichtigen Verkehrswege. Es wurde daher ausdrücklich gewünscht, für diese Straßen Palmen zu verwenden; obwohl diese nur unzureichenden Schatten bieten. Um die Akzeptanz des Gesamtprojekts nicht zu gefährden, wurden entlang der Hauptachsen deshalb 300 Palmen-Sämlinge gesetzt. Wenige größer wachsende Alleebäume wurden ergänzend entlang untergeordneter Wege gepflanzt.

Abb. 4.27 Baumpflanzungsmaßnahmen an der VVU. Insgesamt wurden ca. 4000 Bäume gepflanzt

Abb. 4.28 Studierende werden während einer öffentlichen Projektveranstaltung in der Pflanzung von Jung-Bäumen eingewiesen

Abb. 4.29 Alter Baobab-Baum an der Grenze des VVU-Geländes

Öffentlichkeitsarbeit: Erhaltung von Baumriesen Die Pflanzung einer großen Zahl von Bäumen ist eine effektive Methode, ein kühleres Mikroklima und eine insgesamt angenehmere Umwelt in tropischen Gegenden zu erzielen (Abb. 4.28). Wichtiger noch als die Pflanzung neuer Bäume ist besonders in peri-urbanen Räumen allerdings auch die Erhaltung noch lebender, alter Bäume. An der Grenze des VVU-Geländes stehen zwei Baumriesen (Baobab/Affenbrotbaum, *Adansonia digitata* (Abb. 4.29) und Silk cotton tree/Kapokbaum, *Ceiba pentandra*) und sind die einzigen Überlebenden einer ehemals größeren Zahl von Bäumen, die hoch über dem Trockenwald und dem Savannengebüsch der Umgebung hinausragten. Im Gebiet um Accra werden große Bäume mit der zunehmenden Zersiedelung immer seltener.

Deshalb wurden beide Bäume vorbildhaft dadurch gesichert, dass der Grund von den Besitzern erworben und bei den Behörden eine Anpassung des Straßenverlaufs erreicht werden konnte.

Abb. 4.30 Grundschule in Oyibi: ausgewählt für das Schulbaum-Projekt

Schulbaum-Projekt Im Rahmen des Projekts wurde außerdem ein Schulbaum-Projekt gestartet, das auch die öffentliche Wahrnehmung für die Öko-Projekte an der VVU erhöhen soll. Ausgewählten Schulen (Abb. 4.30) der benachbarten, armen Dörfer werden Baum-Sämlinge (Obst- und Schattenbäume) zur Verfügung gestellt werden. Die Pflanzungen sollen das Umfeld für die Schüler angenehmer gestalten. VVU-Personal wird die Lehrer beraten, die Pflanzung übernehmen sowie die Pflegemaßnahmen im ersten Jahr überwachen. Ein Teil der Pflanzungen wird öffentlichkeitswirksam vor der Presse vorgenommen werden.

4.4.3 Die wichtigsten Erkenntnisse

Eine angemessene Berücksichtigung der ökosystemaren Funktionen und Leistungen der Vegetation erfordert eine gründliche Analyse sowohl des Landschaftskontextes als auch der halbnatürlichen und natürlichen Biotoptypen im jeweiligen Projektgebiet. Aufgrund von projektinternen Umständen konnten beide Analysen erst im dritten Projekt an der VVU durchgeführt werden. Glücklicherweise wurden dabei die ökologisch wertvollsten Bereiche der Gebüschsavanne dort angetroffen, wo ohnehin ein Grüngürtel entstehen sollte. Dadurch stand die Erhaltung von 18 ha Gebüsch im Einklang mit der weiteren Entwicklungsplanung der VVU.

Eines der wichtigsten Ziele in der Pflege öffentlichen Grüns sollte in einem Projektgebiet die Berücksichtigung von Biodiversitätsaspekten sein. Im VVU-Projekt wurde diesen durch die Auswahl einer großen Zahl von einheimischen Baumarten für die Pflanzungen und die Erhaltung verschiedener, bereits aufgewachsener einheimischer Bäume (z. B. im Arboretum) Rechnung getragen.

Nur wenig mehr als ein Jahr stand für das Projekt zur Verfügung. Unter diesem Zeitdruck musste sich die Auswahl der verwendeten Baumarten vor allem nach der Verfügbarkeit von Saatgut richten. Mehr Zeit wäre nötig gewesen, um besser geeignete Baumarten heranziehen zu können.

Die Kostenplanung für jedes Baumpflanzungsprojekt muss die nötige Pflege für mindestens ein Jahr nach der Pflanzung einkalkulieren. Diese sollte die Kosten für Bewässerung, Pflanzenschutz, Schnittmaßnahmen und Düngung beinhalten.

Die Unterstützung und laufende Beteiligung der relevanten Personen(-gruppen) und eine enge Zusammenarbeit mit dem direkt beteiligten Personal war zu jeder Phase des Projekts unabdingbar (vgl. Engel und Korf 2005). Flankierende Maßnahmen, die ein öffentliches Bewusstsein für Baumschutz- und Pflanzmaßnahmen fördern (Abb. 4.27), sollten ähnliche Projekte stets begleiten.

4.5 Gestaltung der Stoffströme, Stoffstrommanagement

Gunther Geller

Ausgangslage, allgemeine Überlegungen Wasser ist einer der wichtigsten Punkte in Afrika und an der Valley View University, und tatsächlich begann das Programm aufgrund von Überlegungen zum Thema Wasser: Der Bitte, die Valley View University 2001 zu besuchen, lag der Wunsch nach einer Abwasserbehandlung zugrunde, aber die erste Ortsbegehung ergab, dass nicht das Abwasser das Problem war, denn es gab ohnehin kaum Wasser dort, vielmehr musste das gesamte Wasser durch den Valley-View-eigenen Tanklaster antransportiert werden. Das eigentliche Problem bestand darin, dass es kein Gesamtkonzept gab, ebenso keines für das Stoffstrommanagement. Im Zuge der Arbeiten an der ökologischen Entwicklung der VVU wurden beide erarbeitet.

Stoffstromanalyse Der erste Schritt zur Bewertung der Stoffströme muss eine umfassende Analyse der Stoffflüsse sein, einschließlich der Zufuhren, der Ausfuhren und der internen Kreisläufe. Das ergibt einen ersten Hinweis darauf, wo das System nicht ausbalanciert und verletzlich ist.

Bei Siedlungssystemen spielt hinsichtlich Nachhaltigkeit der Fluss von Wässern (Regenwasser, Grauwasser, Urin, Abwasser usw.) und organischen Materialien (Fäkalien, organischer Abfall) am wichtigsten. Hier muss die Analyse zwischen den verschiedenen Produzenten und Konsumenten unterscheiden, zwischen den natürlichen (Menschen, Tiere) und technischen (Maschinen, Gebäude). Bei der Valley View University wurden in der Stoffstromanalyse der verschiedenen Wässer verschiedene Typen von Produzenten und Konsumenten erkannt: So sind Verwaltungs- und Fakultätsgebäude Produzenten von Regenwasser, ebenso die Mensa (deren Dachfläche ermöglicht es, mehr Regenwasser zu ernten, als in diesen Gebäuden selbst gebraucht wird), die Wohnheime sind Produzenten von Grauwasser, die Sanitärgebäude von Urin. Dagegen sind die Wohnheime Konsumenten von Regenwasser

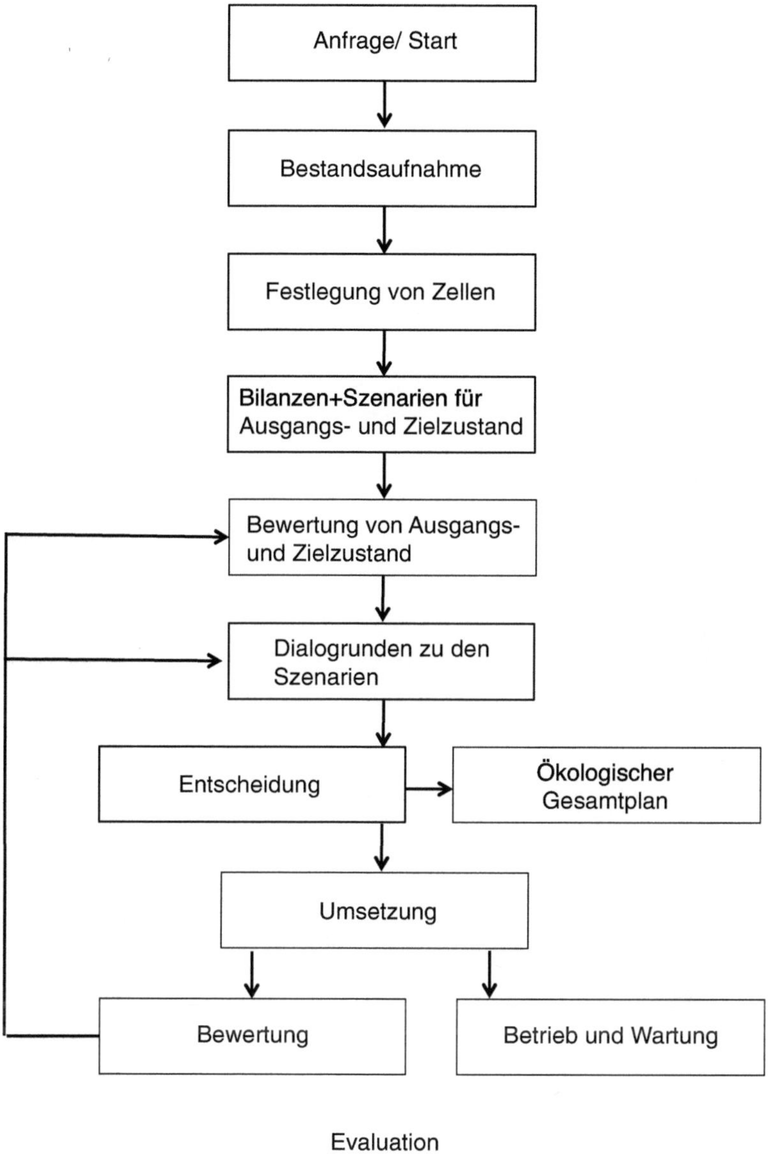

Abb. 4.31 Flussdiagramm für die Gestaltung der Stoffströme

oder Brauchwasser, während die landwirtschaftlichen und die gärtnerischen Flächen Konsumenten von Grauwasser sind.

In den Abb. 4.32, 4.33, 4.34 und 4.35 werden ein Fakultätsgebäude und dazu im Vergleich ein Wohnheim hinsichtlich ihrer Massenflüsse gezeigt, und zwar bei 1000 bzw. 5000 Menschen auf dem Campus.

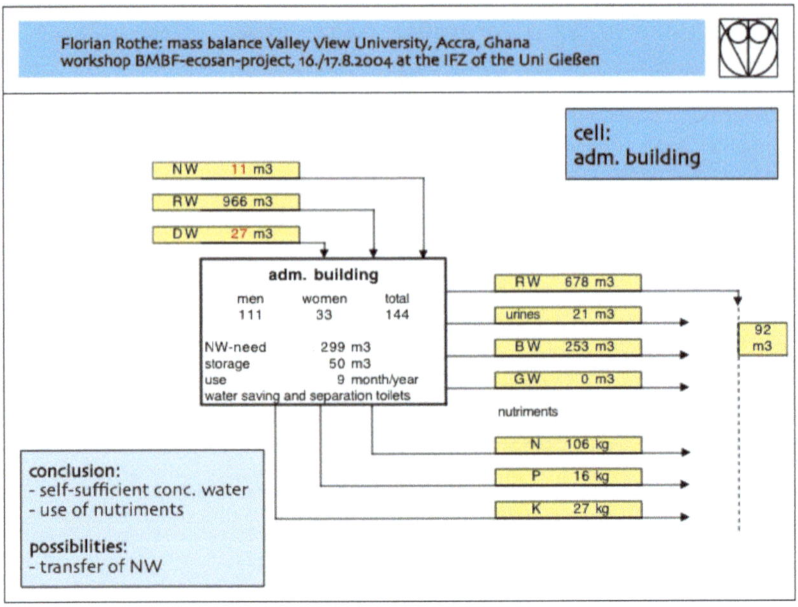

Abb. 4.32 Stoffstrombilanz für ein Fakultätsgebäude der VVU

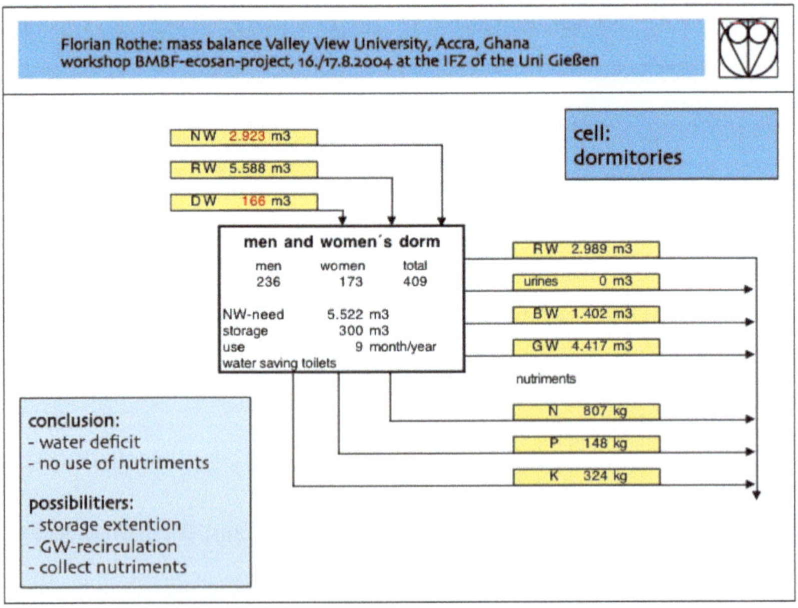

Abb. 4.33 Stoffstrombilanz für die Wohnheime der VVU

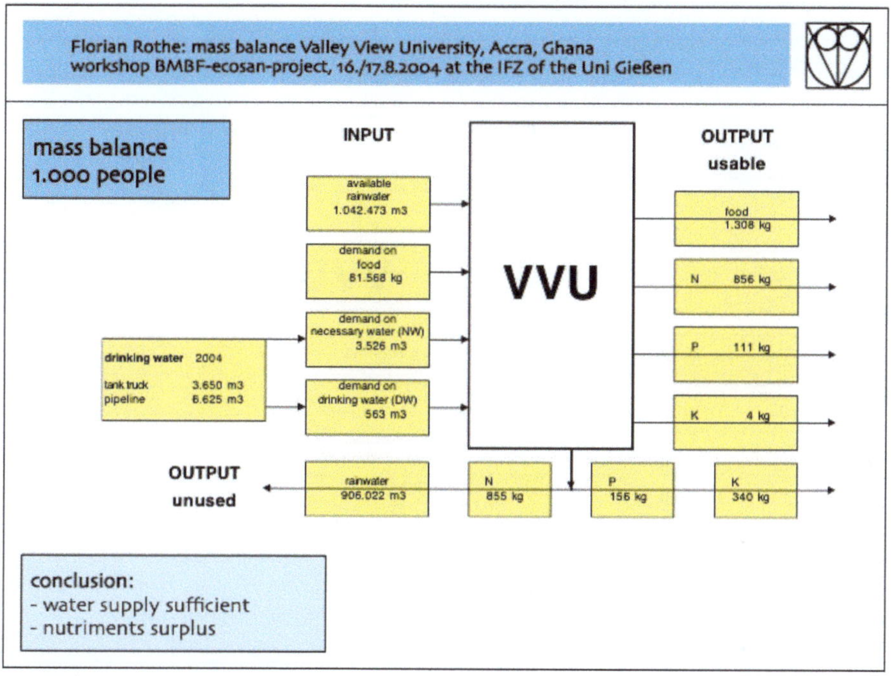

Abb. 4.34 Stoffstrombilanz der VVU für den Ausbauzustand mit 1000 Personen auf dem Campus

Alle Zellen zusammen ergeben das Gesamtbild für das gesamte Siedlungsökosystem, hier für den VVU-Campus. Der Zu- und Abfluss gibt einen Eindruck über die Autarkie des Systems und erste Hinweise für Maßnahmen um die Situation – falls notwendig – zu verbessern. Bei der Valley View University zeigt die Analyse, dass der Wasserverbrauch im Ausgangsstadium mit etwa 1000 Menschen auf dem Campus gesichert werden kann, unter der Voraussetzung, dass die Versorgung gewährleistet ist. Dagegen kann bei zukünftigen 5000 Menschen auf dem Campus die Wasserversorgung unter den gegenwärtigen Bedingungen nicht gewährleistet werden. Wichtige und mögliche Abhilfemaßnahmen könnten hier wasserfreie Installationen wie Komposttoiletten sein sowie eine wesentlich stärkere Nutzung des Regenwassers (zum Ablauf der Gestaltung von Stoffströmen siehe Abb. 4.31).

4.5.1 Integrierte Gestaltung von Stoffströmen und Flächennutzung

Es bestand von Anfang an die Absicht, Entscheidungshilfen zu entwickeln, die auch Szenarien vergleichen und auf der Ausgangslage und des angestrebten Endausbaus der Universität beruhen. Dabei sollten verschiedene Arten der Sanitärinstallationen, der Organisation der Gebäude und der Nutzung der Flächen, einschließlich der von Grünflächen und landwirtschaftlichen Flächen verglichen werden. Dabei sollten

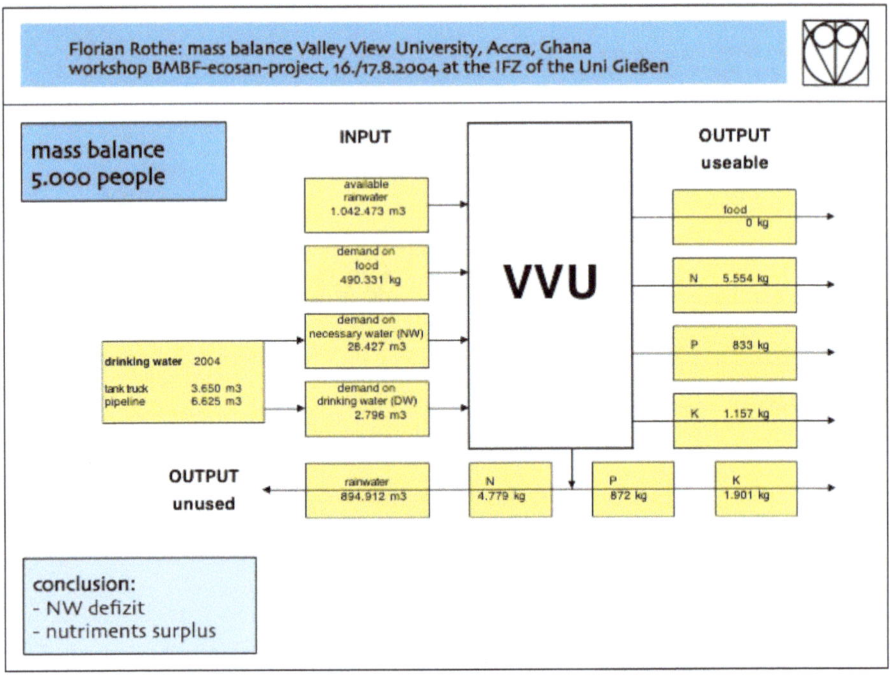

Abb. 4.35 Stoffstrombilanz der VVU für den Ausbauzustand mit 5000 Personen auf dem Campus

die Installationen mehr oder weniger Wasser sparend sein, wobei Komposttoiletten die hinsichtlich des Wasserbedarfs anspruchslosesten Einrichtungen darstellen würden.

Im Hinblick auf die Verteilung und Anordnung der Gebäude und der Grün- und landwirtschaftlichen Flächen wurden zwei Hauptszenarien ausgewählt: eine mehr zentralisierte Lösung des Masterplans, bei der die Studienaktivitäten im Mittelpunkt des Campus liegen sollten und die landwirtschaftliche Fläche zusammenhängend an der Ost- und Südostecke des Campus (siehe der ökologische Masterplan). Die zweite dezentralisierte Variante sollte eine Lösung sein, in der die Produzenten und Konsumenten von Wässern wesentlich stärker verknüpft und näher beieinanderliegen würden.

Für diese Szenarien wurde sowohl das Zellenmodell als auch das Ökosystemmodell mit den technisch-kulturellen Elementen angepasst und Zellen hinsichtlich ihrer ähnlichen Charakteristik bezüglich Wasserverbrauch und Wasserproduktion definiert. Aus diesem Blickwinkel sind Wohnheime ganz besondere Zellen, die einen Überschuss von Grauwasser produzieren, jedoch zur Erfüllung der Bedürfnisse der Nutzer die Zufuhr von Regen- oder Brauchwasser erfordern. Ganz im Gegensatz dazu produzieren die Fakultätsgebäude aufgrund ihrer großen Dachflächen einen Überschuss an Regenwasser, wesentlich mehr als für die Bedarfsdeckung des Toilettenwassers dort erforderlich ist. Eine andere Zelle stellen die Grün- und landwirtschaftlichen Flächen dar, die grundsätzlich immer einen Bedarf an Wasser haben.

Solche Zellen synergetisch zu verknüpfen, war die Idee des zweiten Szenarios. Es ist jedoch erforderlich, die positiven Auswirkungen dieser Kombinationen aus der Sicht der Stoffflüsse mit den anderen Auswirkungen für die Campusentwicklung zu vergleichen, wie z. B. kurze Wege für die Nutzer, ruhige Räume für die Studien, die Produktivität von Grün- und landwirtschaftlichen Flächen in zusammenhängender bzw. aufgelöster Form usw. Der Austausch über diese Auswirkungen ermöglicht ein klares Verständnis und klare Entscheidungen; der Austausch als solcher verbessert die Kooperation der Beteiligten, das gegenseitige Verständnis und ermöglicht Vertrauen, er bildet die Basis dafür, dass sich sogar Freundschaften entwickeln.

4.5.2 Allgemeine Grundsätze

Das Management der Stoffflüsse muss den allgemeinen ökologischen Grundsätzen folgen. Das bedeutet, unnötige Im- und Exporte möglichst klein zu halten, Stoffe in System möglichst effektiv und vielfach zu nutzen, die Kreisläufe wenn irgend möglich geschlossen zu halten und Synergieeffekte zu nutzen. Die Folge davon ist eine relative Autarkie, die allerdings in menschlichen Ökosystemen wie Städten und Dörfern nicht den Grad erreicht wie in den meisten natürlichen oder naturnahen Ökosystemen. Aber jeder Schritt in diese Richtung wird ein Schritt dahin sein, die Bedürfnisse der menschlichen Systeme und diejenigen der natürlichen Systeme auszugleichen.

4.5.3 Die wichtigsten Erkenntnisse

Die bisherigen Erkenntnisse zeigen, dass bereits ganz am Anfang von Projekten eine Stoffstrombilanz erstellt werden sollte, die neben den Stoffflüssen auch die für das Projekt kennzeichnenden Zellen hinsichtlich ihrer Rolle als Produzenten oder Konsumenten von Stoffen beschreibt. In den folgenden Dialog-Runden müssen dann die möglichen Kombinationen und Synergie-Effekte der Zellenkombinationen auf ihre Vor- und Nachteile, ihre Auswirkungen auf die Siedlungsentwicklung und Landnutzung und die anderen Funktionen des Siedlungsökosystems intensiv erörtert werden. Das trägt entscheidend dazu bei, dass dann tatsächlich die bestmögliche Lösung für die wirklichen Bedürfnisse der Bewohner und die Erfordernisse des regionalen und örtlichen Ökosystems gefunden werden können.

4.6 Gestaltung der Wasserkreisläufe/Wassermanagement

Laurent Richard und Reinhard Perfler

4.6.1 Vision, Ziele und Wasserprojekte an der VVU

In seinem ökologischen Masterplan hatte die VVU den Wunsch geäußert, die erste ökologische Universität in Afrika zu werden. Für die kommenden Jahre plant die Universität einen stetigen Anstieg der Zahl der Studierenden sowie der Universitätsmitarbeiter (5000 Studenten in 2015). Um auch einen entsprechend sicheren und kontinuierlichen Zugang zu Wasserversorgung und Abwasserentsorgung bereitzustellen, müssen die Wasserinfrastrukturen und -dienstleistungen ausgebaut werden.

Für diesen Zweck wurden in den letzten Jahren mehrere Projekte an der VVU durchgeführt. Die Projekte befassen sich mit verschiedenen Aspekten der Wasserversorgung und Abwasserentsorgung, wie der Reduzierung bzw. Optimierung des Wasserverbrauchs, der Weiterentwicklung der Grundwassernutzung sowie der Einführung von Regenwassernutzung und ökologisch nachhaltigen Sanitärkonzepten/-systemen („Ecological Sanitation"). Nach einer kurzen allgemeinen Darstellung der Wasserversorgungs- und sanitären Situation in Ghana werden die wichtigsten Ergebnisse dieser Projekte in diesem Kapitel zusammengefasst.

4.6.2 Ein kurzer Überblick über Trinkwasserversorgung und Abwasserentsorgung in Ghana

Nach Angaben der WHO/UNICEF *Joint Monitoring Programme (JMP) for Water Supply and Sanitation* hatten im Jahr 2008 82 % der ghanaischen Bevölkerung einen verbesserten Zugang zu sicheren Trinkwasserquellen, währenddessen nur 13 % Zugang zu verbesserten Sanitäreinrichtungen hatten. Der fehlende Zugang zu Wasser- und Sanitärversorgung stellt für Ghana ein grundlegendes Problem dar, da bis zu 70 % der Krankheitsfälle im Land damit in Zusammenhang stehen (AfDB/OECD 2007). Auf nationaler Ebene ist der gesamte Wasserbedarf eigentlich niedriger als die verfügbaren Wasserressourcen, wobei es starke regionale Unterschiede gibt. Neben unzureichenden Wasserressourcen in einigen Regionen, fehlen in anderen Gebieten oft die nötigen finanziellen Mittel, um die Wasserinfrastruktur zu betreiben, zu warten und zu erweitern. AfDB und OECD weisen auch darauf hin, dass die Wassertarife nicht immer hoch genug sind, um die Kosten der Wasserinfrastruktur vollständig abdecken zu können. So hat die *Ghana Water Company Limited* abgeschätzt, dass fast ein Drittel der Wasserversorgungsanlagen in Ghana nicht betriebsfähig sind. In einigen Versorgungsgebieten ist eine kontinuierliche Wasserversorgung aufgrund von Stromausfällen und fehlenden Notenergiequellen einfach nicht möglich. Dies ist z. B. auch der Fall an der VVU.

4.6.3 Wasserversorgung an der VVU

4.6.3.1 Einführung und Problemstellungen

Im Jahr 2009 waren rund 3000 Studenten an der VVU inskribiert, von denen 500 im Studentenheim des Campus lebten. Zusätzlich gab es Universitätspersonal und Gäste, die auch innerhalb des Campus lebten (100 bis 200). Der Gesamtwasserbedarf wurde für 2009 auf 70 bis 90 m^3 pro Tag geschätzt.

Derzeit gibt es noch immer einige Tage pro Jahr, in denen der Wasserbedarf nicht gedeckt werden kann. Diese Versorgungsengpässe liegen oft an ungleichmäßiger Wasserversorgung aus externen Ressourcen, von denen die VVU stark abhängt. Ein weiterer Grund ist der häufige Stromausfall, welcher die Gemeinschaft davon abhält, selbst Wasser zu fördern. Heute besteht noch immer die dringende Notwendigkeit, eine Wasserversorgung an der VVU zu entwickeln. Wenn nichts unternommen wird, werden immer öfter Versorgungsengpässe auftreten. Das ist eine ernste Herausforderung, denn die Kapazität der vorhandenen Wasserressourcen und der existierenden Infrastrukturen scheinen begrenzt zu sein.

In den Jahren der Entstehung der VVU wurde die Gemeinschaft von einem Lastwagen mit einem 20 m^3 großen Wassertank versorgt. Mit der Weiterentwicklung des Campus stieg der Wasserbedarf, der Tankwagen reichte nicht mehr aus, und eine andere Lösung wurde gebraucht. Anfang der 2000er-Jahre begann das neu errichtete Wasserversorgungssystem von Oyibi, große Wassermengen zur Universität zu fördern. Das Wasser wurde dann von einem VVU-eigenen System aus Speichern, Leitungen und Pumpen an die verschiedenen Gebäude verteilt (Abb. 4.36). Obwohl das Oyibi Water Supply Scheme (OWSS) der wichtigste Versorger der VVU war, hatte es nicht genug Kapazität, um dem steigenden Bedarf der Universität gerecht zu werden. Man musste sich somit nach anderen Alternativen umschauen. Am Campus wurden Konzepte zur Regenwassersammlung und zur kreislauforientierten Siedlungshygiene (ECOSAN) entwickelt sowie Bohrlöcher für Brunnen gebohrt.

Mit der schnellen Entwicklung der Greater-Accra-Region muss OWSS eine immer größer werdende Einwohnerzahl bei gleich bleibender Wasserinfrastruktur versorgen. Infolgedessen wird die von OWSS an die VVU geförderte Wassermenge in den nächsten Jahren mit großer Wahrscheinlichkeit abnehmen und damit die Entwicklung der Universität nachteilig beeinflussen.

4.6.3.2 Der Weg zu einer kontinuierlichen, angemessenen Wasserversorgung

Alle Projekte haben dazu beigetragen, die Situation der Wasserversorgung an der VVU zu verbessern. Die Projekte haben sich sowohl auf die Bedarfs- als auch auf die Versorgerseite des Wassermanagements konzentriert. Die Partner haben durch den Einsatz Wasser sparender Technologien und enger Zusammenarbeit mit den Gemeinden versucht, den Bedarf zu senken. Derzeitige und zukünftige Herausforderungen sowie mögliche Lösungen wurden detailliert diskutiert. Anschließend wurden neue Wasserinfrastruktureinrichtungen gebaut, was zur Entwicklung von

Abb. 4.36 Hauptwasserspeicher der VVU

Systemen zur Regenwassersammlung, Grundwassernutzung und Wasseraufbereitung geführt hat.

Die Wasserversorgungsinfrastruktur der VVU entwickelte sich somit von einem zentralen zu einem gemischten System, welches zentrale (Grundwasserversorgung) und dezentrale (Regenwasserversorgung) Subsysteme enthält.

4.6.3.3 Bedarfsberechnung

Berechnung des Wasserbedarfs Einer der ersten wichtigen Schritte war die Berechnung des Wasserbedarfs, da dies eine grundlegende Information für das korrekte Design von Wasserversorgungsanlagen darstellt. Krämer (2007) bestimmte den Wasserbedarf der in dem Studentenheim lebenden Studenten. Abhängig von den in den jeweiligen Gebäuden vorhandenen Einrichtungen (z. B. Trockentoiletten oder Toiletten mit Spülung) bewegte sich der Bedarf zwischen 60 bis 100 l pro Person und Tag.

Messung des Wasserverbrauchs Ein weiterer wichtiger Schritt war die seit 2006 durchgeführte Messung des tatsächlichen Wasserverbrauchs. Die Wasserzähler wurden wöchentlich abgelesen und zeigten den Verlauf des Wasserverbrauchs am Campus. Auf diese Weise fand man heraus, dass 70 % des Wassers im Studentenheim verbraucht wurde. Es konnte außerdem gezeigt werden, dass das Wasserversorgungssystem dem Bedarf nicht gerecht wurde und die Versorgung nicht konstant war.

Einführung Wasser sparender Einrichtungen Neben der Erhebung und Evaluierung des Wasserbedarfs und -verbrauchs wurden alle während der Projektzeit

Abb. 4.37 Toilette mit Wasser sparender Spülung und Urintrennung (5 statt 10 Liter)

errichteten Gebäude mit Wasser sparenden Vorrichtungen wie Wasser sparende Duschköpfe, Wasser sparende Toilettenspülungen (Abb. 4.37) oder Trockentoiletten ausgestattet. Vor der Realisierung wurde die Frage der Akzeptanz und Eignung solcher Wasser sparender Vorrichtungen an der VVU getestet. Mehrere dieser Vorrichtungen wurden getestet und einige dann abgelehnt, da ihre Wartung zu umfangreich oder ihr Energieverbrauch zu hoch für die VVU gewesen wäre. Die Akzeptanz der Trockentoiletten war anfangs ungewiss, aber Gespräche mit Studenten ergaben, dass diese Art Toilette akzeptiert werden würde.

Um längerfristige Nachhaltigkeit zu gewährleisten, sollten derartige Wasser sparende Einrichtungen an der Universität und speziell im Studentenheim angebracht werden. Man nahm an, dass der Wasserverbrauch durch die Einführung Wasser sparender Einrichtungen oder Trockentoiletten um 15 und 20 % gesenkt werden

Abb. 4.39 Große unterirdische Regenwasserspeicher beim Baobab-Center

Regenwasser-Sammelsysteme müssen regelmäßig gewartet werden (Reinigung und Wiederverbindung der Dachrinnen, Austausch von Pumpen etc.). Für die Einführung eines Regenwasser-Sammelsystems muss also auch genügend menschliche und finanzielle Kapazität vorhanden sein.

Grundwassernutzung Seit 2008 ermöglichen es der VVU drei Bohrlöcher, große Mengen an Grundwasser zu entnehmen. Im Jahr 2009 kamen ungefähr 45 % des Systeminputs des zentralen Wasserversorgungssystems der VVU aus diesen Bohrlöchern (das entspricht 500 m^3 pro Woche). Folglich stellen diese Bohrlöcher nach OWSS (55 %) die zweitgrößte Wasserquelle dar. Einer der wesentlichen Gründe für die Errichtung der Bohrlöcher war die Tatsache, dass OWSS nicht genug Wasser für die Universität bereitstellen konnte.

Im Vergleich zu Regenwasser hat Grundwasser einige Vorteile. Zuerst ist die Qualität, speziell in Bezug auf die Anforderungen für Trinkwasser, normalerweise besser als Oberflächenwasser, da die Bodenschichten einen besseren Schutz gegen Verunreinigungen darstellen. Es enthält außerdem Mineralien, von denen manche für eine gesunde Ernährung gebraucht werden. Die mikrobiologische Qualität des Grundwassers ist meist auch viel höher. Zweitens ist die Speicherkapazität des Grundwassers normalerweise groß, obwohl immer das Risiko der Überbeanspruchung besteht. Überbeanspruchung des Grundwassers muss verhindert werden, da es längerfristig zu schwerwiegenden Folgen kommt (z. B. Salzwassereintrag in Küstengebieten, Absenkung des Grundwasserspiegels).

Messungen an der VVU im Jahr 2009 haben gezeigt, dass der Grundwasserspiegel ungefähr 40 m unter der Oberfläche liegt. Zum jetzigen Zeitpunkt ist es schwierig, die zukünftige Entwicklung des Grundwasserleiters vorauszusagen. Aktuelle Informationen scheinen jedenfalls nicht verfügbar zu sein. Wenn sich die

Abb. 4.40 Errichtung der Grundwasseraufbereitungsanlage

derzeitigen Verhältnisse nicht ändern, wird die Anzahl an privaten Bohrlöchern steigen, was zu einer Senkung des Grundwasserspiegels in der Region führen kann. In diesem Fall müsste die VVU die Tiefe der vorhandenen Bohrlöcher erhöhen oder zur weiteren Wassergewinnung neue Bohrlöcher errichten.

Die beste Möglichkeit, eine Grundwasserspiegelabsenkung vorherzusehen, stellt die ständige Überwachung der Grundwasserentwicklung dar. Zu diesem Zweck wurde 2009 jedes Bohrloch mit einem Messgerät ausgestattet. Mithilfe der Messgeräte kann sowohl die Entwicklung des Grundwasserkörpers als auch die Wasserqualität (Temperatur, elektrische Leitfähigkeit) beobachtet werden.

Physikochemische Analysen haben für manche während dieses Jahres entnommenen Grundwasserproben einen hohen Eisengehalt und hohe Trübe gezeigt. Diese Proben entsprachen nicht den lokalen Anforderungen für Trinkwasser. Ein großes Problem mit eisenhaltigem, trübem Wasser ist, dass es zu einer Akkumulation von Rückständen im Versorgungssystem kommen kann und somit zu Problemen im Betrieb der Anlage führt. Eisen kann außerdem die Farbe des Wassers beeinträchtigen, metallischen Geschmack erzeugen oder Wäsche verfärben.

Grundwasseraufbereitung Die VVU beabsichtigt, das aus den Bohrlöchern stammende Wasser zur Trinkwasserversorgung herzunehmen. Nachdem das Grundwasser nicht immer den lokalen Anforderungen an Trinkwasser entspricht, ist eine Aufbereitung erforderlich. Nach einigen Gesprächen mit dem Projektpartner wurde 2009 die Errichtung einer kleineren Aufbereitungsanlage beschlossen (Abb. 4.40).

Die Wasseraufbereitungsanlage wurde umfassend gestaltet, bemessen und durchgeführt, d. h. unter Miteinbeziehung der Gemeinschaft und technischer, ökologischer, finanzieller und institutioneller Aspekte. Aufbereitungsprozesse auf Basis

- Nutzungs- und/oder Beseitigungstechnologien (z. B. Aufbringung auf den Boden, Bewässerung).

Jede Technologie hat ihre Vor- und Nachteile, die während des Auswahlprozesses berücksichtigt werden müssen. Zusätzlich müssen wieder technische, ökologische, finanzielle und rechtliche Aspekte bedacht werden.

Von 2004 bis 2007 gab es viele Bestrebungen an der VVU, eine kreislauforientierte Siedlungshygiene zu entwickeln. Mehrere Systeme wurden eingeführt und im Hinblick auf verschiedene Aspekte wie Wasserqualität, Auswirkungen auf Feldfrüchte und Umwelt, Kosteneffektivität und Akzeptanz analysiert. Manche der implementierten Systeme sind untenstehend beschrieben. Aus den Anlagen der kreislauforientierten Siedlungshygiene stammende Produkte werden jetzt für landwirtschaftliche Aktivitäten der Valley View University verwendet (z. B. Mango-Anbau).

Urin Urin wird von mehreren Gebäuden der VVU (Cafeteria, Administrations- und ein Fakultätsgebäude) zur Wiederverwendung gesammelt (Abb. 4.42). Urin separierende Toiletten werden als „Technologien an der Schnittstelle zum Verbraucher" verwendet. Der Urin wird dann in Plastikspeicher geleitet und dort gespeichert. Wenn die Speicher voll sind, wird ein Lastwagen mit einer motorisierten Pumpe und einem Tank dazu verwendet, den Urin auszupumpen und auf die Felder zu führen.

4.6.4.1 Grauwasser

Die Sammlung und Aufbereitung von Grauwasser findet in der Cafeteria und in den Frauenschlafräumen statt. In der Cafeteria kommt das Grauwasser aus der Küche und wird auf etwa 2 m^3 pro Tag geschätzt (Palutec 2007). Das Abwasser wird in einem großen Dreikammerspeicher gesammelt, der darauf ausgelegt ist, Öl und größere Partikel zu entfernen. Das Grauwasser wird in der Trockenzeit zur Bewässerung der nahegelegenen Papaya-Plantage verwendet.

In den Frauenschlafräumen kommt das Grauwasser größtenteils vom Waschen. Das Abwasser wird ganz einfach in einem großen unterirdischen Speicher gesammelt und dann zu den Feldern gepumpt (Mango, Banane, Avocado).

4.6.4.2 Schwarzwasser

In den Gästehäusern werden Toiletten mit Wasser sparender Spülung verwendet. Urin, Fäkalien und Grauwasser werden dabei nicht getrennt. Schwarzwasser wird in einem unterirdischen Speicher gesammelt, und die großen Partikel werden abgesetzt. Das Abwasser wird dann zu einem Lateritfilter (Nitrifikation und Reduktion der mikrobiologischen Belastung). Das Schwarzwasser wird anschließend zum Gartenbetrieb verwendet.

Trockentoiletten in den Männerschlafräumen und Biogasanlagen neben der Cafeteria sind auch Teil des kreislauforientierten Siedlungshygienekonzepts der VVU.

Abb. 4.42 Urinsammelspeicher

4.6.5 Die wichtigsten Erkenntnisse

Die Projekte zeigen, dass Forschungsprojekte die Basis für optimale und effiziente Planung von Wasserinfrastrukturen und -Dienstleistungen bilden und somit sehr wichtig sind (z. B. Ermittlung des Wasserverbrauchs).

Die Überwachung der Wasserinfrastrukturen ist unbedingt erforderlich, um Infrastrukturleistungen zu bewerten und somit mögliche Probleme rechtzeitig erkennen zu können.

Die Erfahrung mit Wasser sparenden Installationen war sehr positiv. Die eingeführten Technologien wurden von den lokalen Anwendern angenommen und ermöglichten, den gesamten Wasserverbrauch am VVU-Campus deutlich zu reduzieren. Dies ist von großer Bedeutung, wenn man die problematischen lokalen Gegebenheiten (wachsende Bevölkerung und unzuverlässige Wasserversorgung) betrachtet.

Die Entwicklung von ökologisch nachhaltigen Sanitärkonzepten/-systemen führte zu einer wesentlichen Reduzierung des gesamten Wasserverbrauchs und unterstützt lokale landwirtschaftliche und landschaftliche Aktivitäten.

In dem betrachteten Kontext ist Regenwassernutzung eine gute Möglichkeit, die lokalen Wasservorräte zu erhöhen. Es muss jedoch bedacht werden, dass eine ausschließlich auf Regenwasser basierte Wasserversorgung nur für einige Gebäude der VVU möglich ist (Gebäude mit geringem Wasserverbrauch, hoher Auffangfläche und Speicherkapazität).

Zur Grundwassernutzung wurden einfache Technologien ausgewählt und erfolgreich umgesetzt.

Das letzte Projekt zeigte, dass eine kontinuierliche und ausreichende Wasserversorgung nicht nur ein Problem aufgrund begrenzter Wasservorräte ist, sondern auch aufgrund der schwachen Energieinfrastrukturen. Stromausfälle und fehlende Notenergiequellen verhindern die kontinuierliche Wasserversorgung an der VVU. Solarenergie könnte eine mögliche Lösung dieses Problems sein. Mit Solarenergie betriebene Pumpen werden an der VVU eingeführt, um Regenwasser aus den neuen Regenwasserspeichern zu fördern.

4.7 Ökologisches Bauen

Detlef Glücklich

4.7.1 Das ökologische Gesamtkonzept

Das ökologische Bauen bezieht sich einerseits auf das betroffene Ökosystem mit all seinen Elementen und Wechselwirkungen, andererseits aber auch auf den speziell dabei erforderlichen Planungsprozess.

Die Anforderungen von Architektur und Städtebau müssen dabei in die ökologische Umgebung eingepasst werden. Synergieeffekte können dann besonders gut genutzt werden, wenn das ökologische Gesamtkonzept für ein größeres Gebiet entwickelt wird (Abb. 4.43).

Ökologisches Bauen erfordert wegen der Vielfalt und Komplexität der betroffenen Bereiche und Anforderungen ein systematisches und methodisches Vorgehen (Abb. 4.44). Dies zieht sich durch die ganze Kette der Umsetzung und vertieft dabei iterativ immer weiter die entscheidenden Bereiche und Themen.

4.7.2 Analyse der Ausgangslage

Zu Beginn der Arbeiten lag ein baulicher Entwicklungsplan vor, der nach dem Vorbild repräsentativer amerikanischer Universitäten eine parkartige Nutzung des Geländes mit 120 ha vorsah (Abb. 4.7). Die Zufahrt mündet auf ein großes Oval

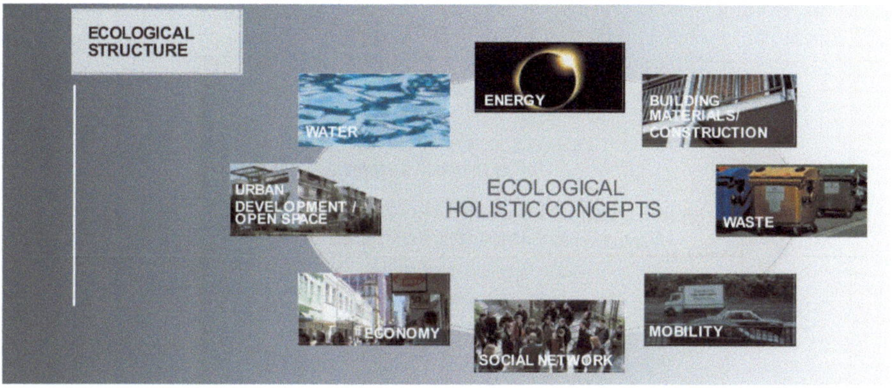

Abb. 4.43 Das ökologische Gesamtkonzept umfasst viele Themenbereiche

von ca. 600 m Länge und 200 m Breite mit der Kirche am Beginn und der Bibliothek in 600 m Entfernung am Ende. Innerhalb des Ovals sind die verschiedenen Fakultäts- und Verwaltungsgebäude platziert, außerhalb die Wohnheime – alle autogerecht über das Oval anfahrbar, zwischen den Gebäuden befindet sich angelegte Grünfläche. Damit war das Gelände „verbraucht". Nach dem Ausbau der Universität hätten die weiten Wege mit einem Bus, der auch das Oval befährt, überwunden werden können. Im Oval wurden bereits aufwendig Leitungen verlegt. Ökologische Aspekte waren unberücksichtigt, die gesamte technische Infrastruktur wäre sowohl im Bau als auch im Betrieb nicht finanzierbar gewesen. Allein in der Wasserversorgung hätte bald mit einer Notversorgung gearbeitet werden müssen, die Klimatisierung der Gebäude hätte große Energiemengen verschlungen, die Wege zu und zwischen den Gebäuden waren weit. Ökologie war in dieser Zeit kein spezielles Thema.

Mit der völligen Neuplanung des Campus sollte die erste ökologische Universität Afrikas verwirklicht werden mit einem umfassenden Gesamtkonzept. Hierzu wurde mit den wichtigsten Beteiligten am Entscheidungsprozess eine Masterplan-Arbeitsgruppe an der VVU gegründet.

4.7.3 Übergeordnetes Ziel

Übergeordnetes Ziel des Gesamtkonzeptes ist die Stadtschaft, also einen Campus für Lehre und Forschung, in dem zugleich die natürlichen Kreisläufe insbesondere für Wasser und Nährstoffe aufgebaut werden und der gleichzeitig den Nutzern eine hohe nachhaltige Lebensqualität bietet. Er soll mögliche Gefahren wie Wasser- und Energieknappheit, hohe Erschließungskosten, exzessiven Landverbrauch und verminderte Aufenthaltsqualität z. B. durch den Autoverkehr und Hitze vermeiden.

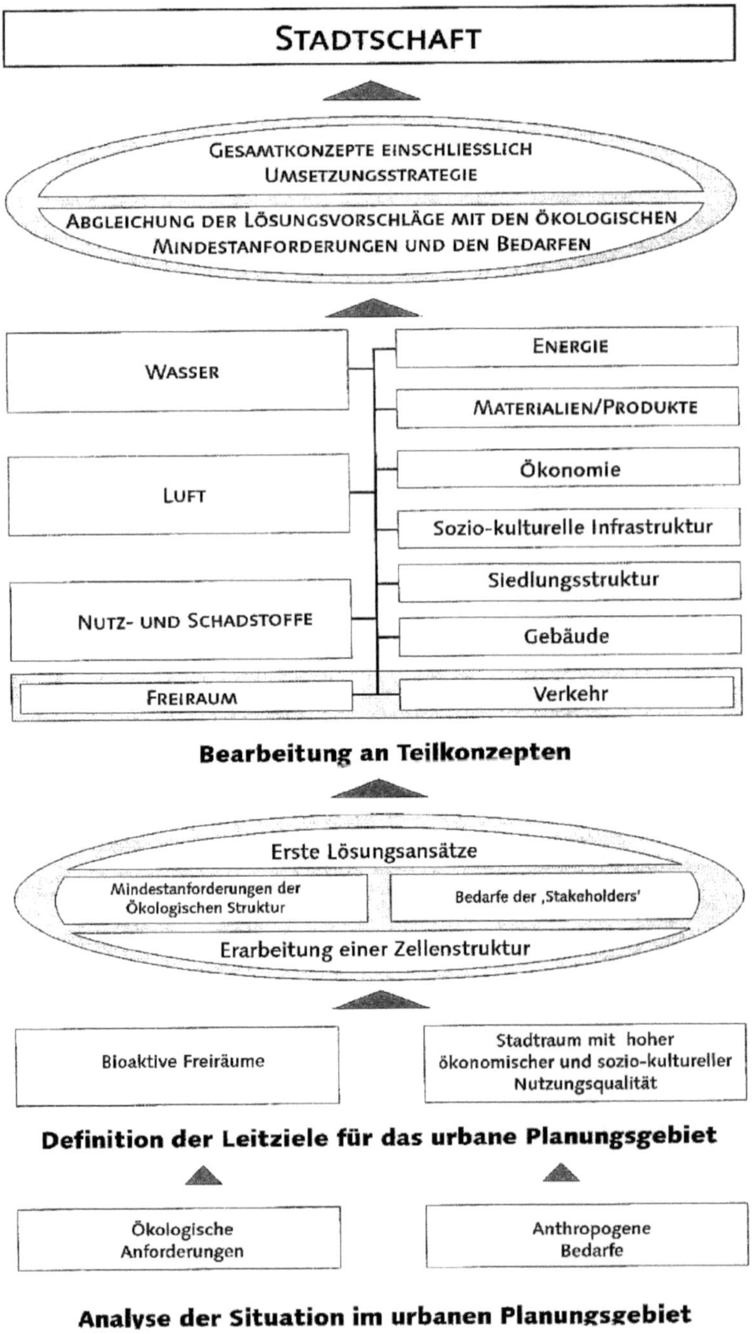

Abb. 4.44 Ablaufschema für das ökologische Bauen

Hierzu einige Stichpunkte für die Lösungsansätze:

- qualifizierte Dichte mit vernetzter Nutzung,
- Campus der kurzen Wege,
- autofreier Campus,
- Erlebniscampus,
- multifunktionaler bioaktiver Freiraum,
- Kreislaufführung von Wasser- und Nährstoffen,
- Campus des praktischen Umweltstudiums,
- landwirtschaftliche Nutzung vernetzt mit der Lehre,
- Verbund mit den umliegenden Dörfern,
- natürliche Gebäudekühlung,
- Solarenergienutzung.

4.7.4 Teilgebiete, Ziele und Lösungsansätze

Ein ökologisches Gesamtkonzept und der zugehörige Masterplan sind sehr komplexe Gebilde, die – wie in Kap. 3 ausgeführt – nur schrittweise auf Teilgebieten erarbeitet werden können. Die Einzelergebnisse fließen in den Masterplan ein, der in vielen Rekursionsschritten erarbeitet werden muss.

Für die VVU wurden nach einer umfassenden Analyse und Bedarfsermittlung die Teilgebiete Energie, Wasser, Stoffe, Freiraum und Landwirtschaft untersucht und die Ergebnisse in die Bauplanung überführt. Die zeichnerische Darstellung erfolgte im Masterplan (Abb. 4.48).

4.7.4.1 Energie

Ziel: nachhaltige Energieversorgung unter Nutzung der Energieeinsparpotenziale.

Energie war nicht Hauptgegenstand der Forschungen. Die Energieerzeugung (hier vor allem durch das Wasserkraftwerk des Volta-Staudamms weitgehend nachhaltig, aber knapp) und die Installationen auf dem Campus wurden nicht eingehend behandelt – hier besteht noch viel Potenzial.

Das Gebäudeklima und die Erzeugung von elektrischem Strom war der Schwerpunkt der Arbeit.

Auf mechanische Kühlung mit Klimaanlagen kann weitgehend verzichtet werden (außer Labors) durch Planungsmaßnahmen: gute Ventilation in den Gebäuden durch Querlüftung, Gebäude quer zur Windrichtung (schmale Gebäude), Verschattung z. T. auch durch Bäume, Verdunstungskühlung durch Pflanzen, Entwicklung spezieller Ventilation Blocks, Green Classroom im Schattenhof der Gebäude.

Das BAOBAB Centre for Ecological Studies erhält eine Photovoltaikanlage und wird damit zum Energiegebäude (negative CO_2-Emmission).

Eine Biogasanlage bei der Mensa dient als Anschauungsobjekt.

4.7.4.2 Wasser und Nährstoffe

Ziel: Durch die Schließung von Wasserkreisläufen wird eine extreme Wassereinsparung und Nährstoffnutzung erreicht.

Die Wasserversorgung steht auf drei Fundamenten: Regenwassernutzung, eigene Brunnen, Anschluss an die Wasserversorgung. Lösungen: extreme Wassersparmaßnahmen bei der Installation, Regenwassernutzung mit Kurz- und Saisonalspeichern, Grauwassertrennung, Trenntoiletten und Komposttoiletten, Grauwasser- und Urinnutzung in der Landwirtschaft, kompostierte Fäkalien.

4.7.4.3 Stoffe

Ziel: Kreislaufführung und Schadstoffvermeidung.

Dieses Teilgebiet wurde nicht ausführlich bearbeitet, da es nicht Gegenstand der Forschung war. Grünabfälle werden kompostiert und landwirtschaftlich verwendet, Kunststoffe gesammelt und als Recyclinggut verwendet, weiterhin gibt es Abfallsammler auf dem gesamten Campus.

4.7.4.4 Freiraum und Landwirtschaft

Ziel: Freiraumausbildung im Sinne der Stadtschaft:

Nutzung des Freiraums zur Steigerung der Bioaktivität des Geländes: Wildpflanzenzonen, Anpflanzungen von Pflanzengemeinschaften und Nutzpflanzen; hierdurch zusätzliche Wirkungen: Kühlung des Aufenthaltraumes und der Gebäude, Wasserretention, Freiraum zum Anbau von Nutzpflanzen, als Erlebnisraum und zum Lernen (Botanischer Garten, Campus-Rundweg, spezielle Pflanzengemeinschaften, immer seltener werdende ghanaischer Pflanzen).

4.7.4.5 Mobilität

Ziel: Komfortable Mobilität mit möglichst geringem Flächenverbrauch und geringer Umweltbelastung ohne Beeinträchtigung der Aufenthaltsqualität.

Qualifizierte Dichte in der Bebauung und Nutzung, Campus der kurzen Wege, autofreier Campus bis auf Servicefahrzeuge, Parkplatz im Eingangsbereich, Campusfahrräder, hohe Aufenthaltsqualität durch Begrünung.

4.7.5 Zellen am Beispiel von Wasser und Nährstoffen

Die besondere Komplexität der Aufgabe, ein ökologisches Gesamtkonzept aufzustellen, erfordert auch spezielle Methoden. Eine davon ist das Zellenmodell (Abb. 4.45). Im Planungsprozess werden dazu in einem ersten Schritt räumliche und funktionale Zellen ausgegliedert. In einem zweiten Schritt werden diese Zellen dann in ihrer Beziehung untereinander betrachtet und bestmöglich vernetzt. Hier steht die Optimierung des Ganzen über der von einzelnen Funktionen oder Teilbereichen. Nach diesen Schritten wird eine Lösung allmählich erkennbar, die sowohl für die Einzelzellen als auch für das Gesamtsystem optimal ist (für ein Beispiel siehe Abb. 4.46).

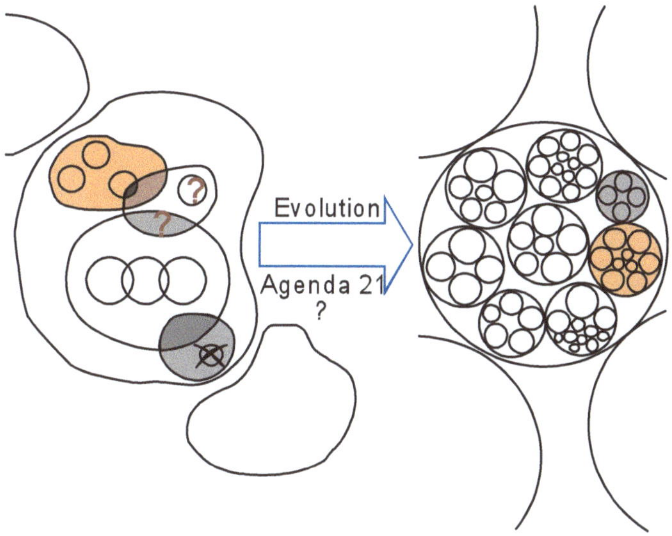

Abb. 4.45 Zellenmodell

4.7.6 Der Gesamtplan und seine bauliche Umsetzung

Der Masterplan (Abb. 4.47, 4.48, 4.49, 4.50, 4.51 und 4.52) zeigt eine gewählte Lösung unter vielen Möglichkeiten. Allen gemeinsam ist der lange Prozess der Suche nach Lösungen und der Abstimmung der Teillösungen untereinander, oftmals ein Kompromiss.

Der Masterplan der VVU nimmt das bestehende Straßenoval und die Zufahrt auf. Entlang der öffentlichen Straße und der Zufahrt sind Aktivitäten angesiedelt wie Gewerbe, Sport und Krankenhaus, die mit Autos angefahren werden müssen und viel wechselnden Publikumsverkehr haben oder wo größere Veranstaltungen stattfinden (Sport). An der Schnittstelle zum Campus parken alle privaten PKW. Von dort geht es zu Fuß zum Campus. Hier ist die Kirche mit 2500 Plätzen als beherrschendes und symbolträchtiges Bauwerk in der Blickachse von der Zufahrt und zum Campus hin angeordnet platziert. Über das Oval wird der Serviceverkehr geführt.

Fußnah zum Parkplatz schließen sich um einen inneren Campusplatz für öffentliche Aktivitäten Verwaltungsgebäude. Mensa, Audimax und Bibliothek an. Anschließend reihen sich entlang einer großzügigen Promenade die Fakultätsgebäude in Gruppen (Zellen) mit Laboren und Hörsälen. Von der Kirche, dem Campusplatz und der Promenade geht der Blick zwischen den Fakultätsgebäuden ins Weite bis in die Landwirtschaft. Außerhalb des Ovals sind die Wohngebäude in kurzer Fußweganbindung an den Campus in einer Art Dorfgruppe gesetzt worden (Wohnzellen). Etwas abseits liegen die Gästehäuser mit eigener Zufahrt. Jede Gebäudegruppe stellt eine Zelle dar, für die spezifische Lösungen entwickelt wurden, z. B. ein dezentrales Wasserkreislaufsystem (Abb. 4.53). Darüber hinaus sind die Systeme mit dem

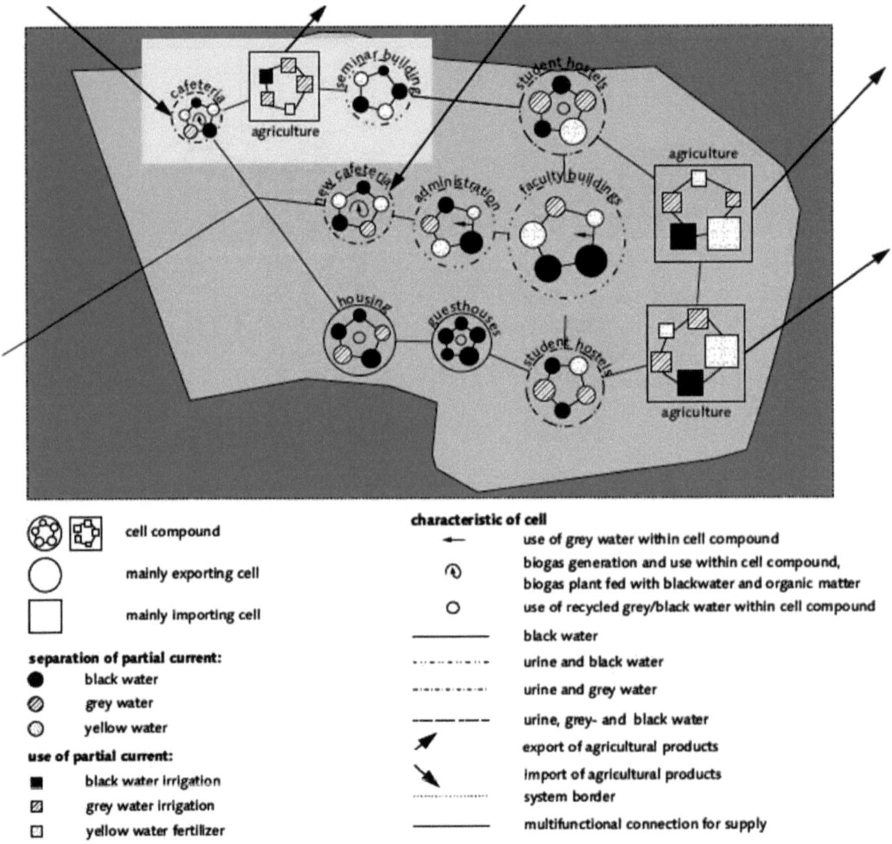

Abb. 4.46 Zellenmodell am Beispiel der Wasserkreisläufe

Campusgelände verknüpft, z. B. wird Grauwasser aus dem Studentenhostel in die Landwirtschaft geführt. Der gesamte Campus wird mit einem Lehr- und Erlebnispfad umrundet, der am Campusplatz beginnt und endet.

Alle Gebäude sind quer zur Hauptwindrichtung angeordnet und nur ein Raum breit zur guten Querlüftung. Kompakte Gebäude erhalten eine Kompaktlüftung, z. T. spezielle Lüftungssteine und Kamine.

Bisher sind zwei Fakultätsgebäude (Abb. 4.54 und 4.55), das BAOBAB Centre for Ecological Studies am Campusplatz, Gästehäuser, ein kleines Krankenhaus sowie mehrere Gewerbegebäude fertiggestellt. Installationen zur Wasserkreislaufführung erhielten zudem das alte Verwaltungsgebäude, die Mensa mit einem eigenen Sanitärgebäude und der Biogasanlage sowie Studentenwohnheimen (Grauwassernutzung, Trockentoiletten). Über die speziellen Einrichtungen wie die Langzeitwasserspeicher, die Wasseraufbereitung, die Landwirtschaft und die gesamte Bepflanzung des Geländes wird in anderen Kapiteln berichtet.

Abb. 4.47 Erster ökologischer Masterplan-Entwurf für die VVU

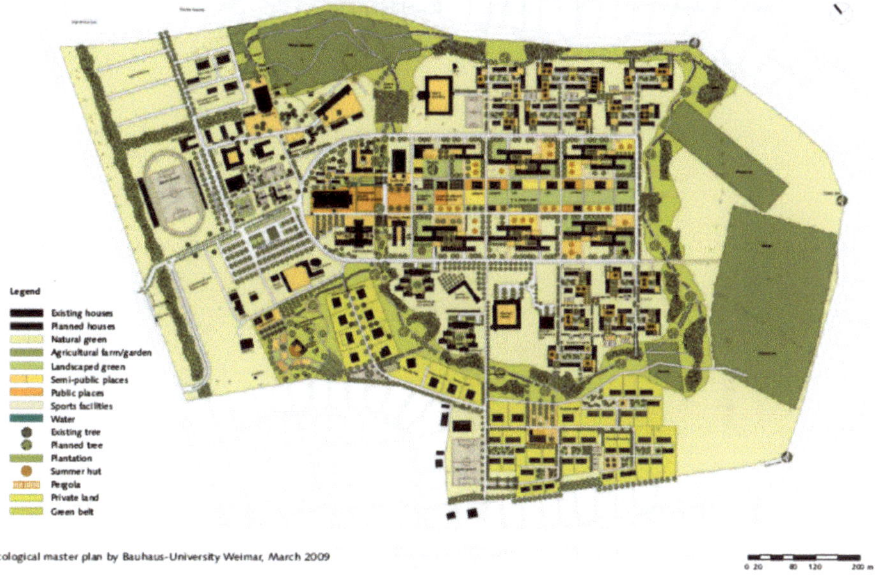

Abb. 4.48 VVU-Masterplan mit ökologischem Gesamtkonzept (Glücklich 2003)

Mit dem ökologischen Gesamtkonzept wird ein besonders preiswerter Ausbau der Universität erreicht. Durch die qualifizierte Dichte, den autofreien Campus, die Sparmaßnahmen für Energie und Wasser und die dezentralisierten Abwasserbehandlungs- und Nutzungssysteme wird die gesamte Infrastruktur an Leitungen

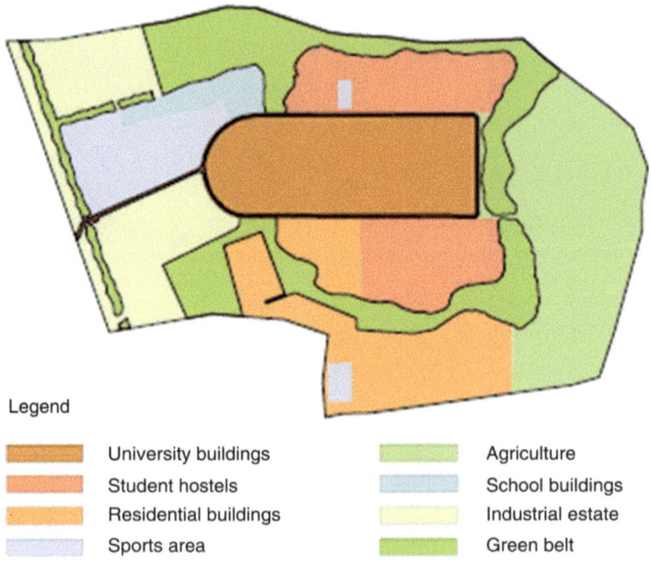

Abb. 4.49 VVU-Masterplan – Teilkonzept Flächennutzung

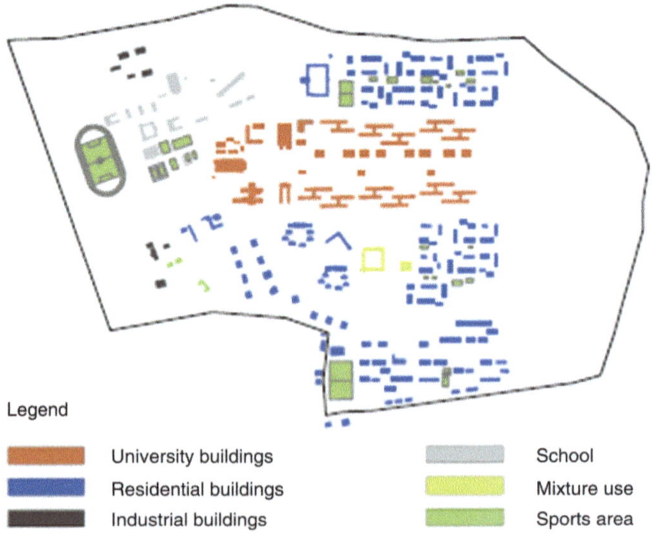

Abb. 4.50 VVU-Masterplan – Teilkonzept Funktionsbereiche

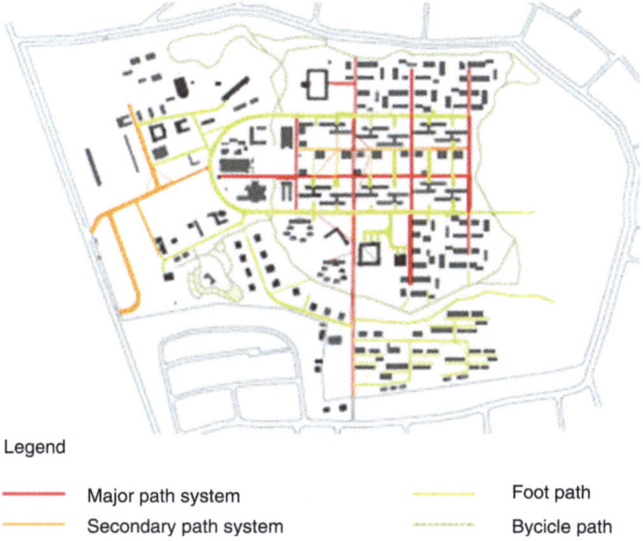

Abb. 4.51 VVU-Masterplan – Teilkonzept Verkehrswege

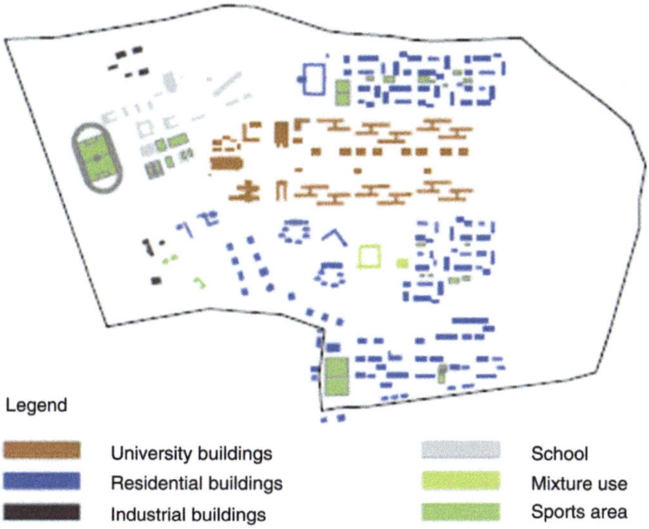

Abb. 4.52 VVU-Masterplan – Teilkonzept Funktionsbereiche

Abb. 4.53 Sandfilter für dezentrales Wasserrecycling

Abb. 4.54 Neues natürlich klimatisiertes ökologisches Fakultätsgebäude

und Wegen weniger aufwendig und damit sparsamer – und zwar nachhaltig – als herkömmliche Lösungen. Steigende Ressourcenkosten treffen die VVU weitaus geringer als herkömmlich geplante Einrichtungen. Gleichzeitig ist die Aufenthaltsqualität besonders hoch.

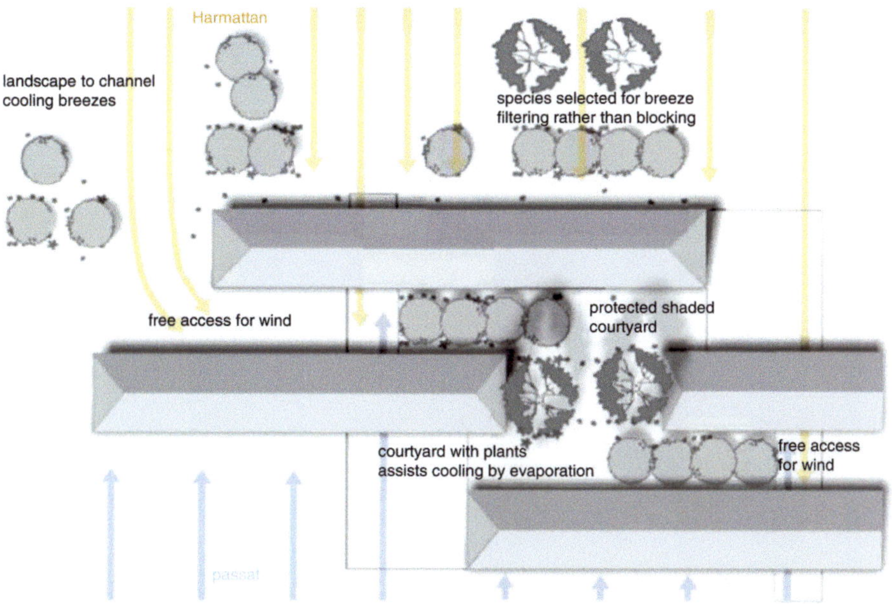

Abb. 4.55 Neues natürlich klimatisiertes ökologisches Fakultätsgebäude (Plan)

4.7.7 Die wichtigsten Erkenntnisse

An dem Beispiel VVU konnte aufgezeigt werden, dass einfach aufgebaute und einfach funktionierende Systeme für die besonderen soziokulturellen, klimatischen und wirtschaftlichen Verhältnisse geplant und gebaut werden können. Planen und Bauen nach einem ökologischen Gesamtkonzept ist möglich. In der Planung und Baudurchführung sind allerdings ganz wesentliche Bedingungen zu beachten, die im nachfolgenden Kap. 5 „Die wichtigsten Erkenntnisse: Zusammenfassung“ näher betrachtet werden. Zudem müssen profunde Kenntnisse und Erfahrungen auf dem Gebiet der Entwicklung ökologischer Gesamtkonzepte vorhanden sein.

5 Die Wichtigsten Erkenntnisse: Zusammenfassung

Gunther Geller, Detlef Glücklich † und Antje Holdefleiss

5.1 Bei ökologischen Projekten wichtige Faktoren

5.1.1 Bedenkenswertes

Der Projektstandort Ghana bringt für die Projektpartner gewisse Herausforderungen mit sich, die nicht immer vollständig der Kontrolle der Projektpartner unterliegen. So kann beispielsweise das tropische Klima in Verbindung mit der mangelhaften nationalen Infrastruktur während der Bauarbeiten Engpässe bei Wasser oder Energie und damit Verzögerungen verursachen. Ebenso können Wolkenbrüche und extreme Hitze die Konstruktionsarbeiten teilweise oder vollständig zum Erliegen bringen.

Die Defizite in der Infrastruktur des Landes können Lieferungen verzögern oder eine kurzfristige Versorgung mit z. B. technischen Ausrüstungsgegenständen unmöglich machen. In Ghana sind qualifizierte Handwerker Mangelware. Dies gilt umso mehr für ein spezielles ökologisches Programm wie an der VVU. Im Zusammenhang mit dem ganzheitlichen Ansatz, der sich notwendigerweise über die gesamte Umsetzungskette spannt, ist es erforderlich, eine große Anzahl von Einflussfaktoren zu bedenken und bei der Umsetzung zu berücksichtigen, um tatsächlich sicherzustellen, dass die langfristige, dauerhafte Funktion des Programms erreicht wird. Für den ökologischen Ansatz sind auch die technischen Standards höher als normal, z. B. bezogen auf die Gebäude und Installationen. Um dem eingesetzten Personal gerecht zu werden, ist es notwendig, dessen Rahmenbedingungen, Zuständigkeiten und Einflussmöglichkeiten zu bedenken. Ein Beispiel dafür: Ein Auftragnehmer für Baumaßnahmen braucht fünf ausgebildete Handwerker, die ständig für ihn arbeiten, fünf auf Abruf und zehn, die täglich neu angeheuert werden. Für

Gunther Geller ✉
Ingenieurökologische Vereinigung IÖV, Augsburg, Deutschland
e-mail: info@ioev.de

Dipl.-Ing. Architektin Antje Holdefleiss
CSD INGENIEURE GmbH, Köpenicker Str. 154a, Aufg. D, 10997 Berlin, Deutschland
e-mail: a.holdefleiss@csdingenieure.de

G. Geller und D. Glücklich (Hrsg.), *Zukunftsfähige Siedlungsökosysteme*,
DOI 10.1007/978-3-642-39706-6_5, © Springer-Verlag Berlin Heidelberg 2014

diese alle muss er den täglichen Transport organisieren und gewährleisten, ebenso die wöchentlichen pünktlichen Zahlungen und auch das notwendige Werkzeug. Dies ist nur einer von vielen möglichen Einflussfaktoren, die Verzögerungen und Hemmnisse im Verlauf der Umsetzung von solchen ökologischen Projekten darstellen können. Manchmal führen auch kulturelle und soziale Unterschiede zwischen den Partnern zu Missverständnissen und verletzenden Handlungen. Zudem ist auch manchmal der ausreichende gegenseitige Austausch, der solche Missverständnisse vermeiden helfen könnte, durch die kulturellen Hintergründe der Beteiligten behindert. Weiter können auch die unterschiedlichen Sichtweisen bezüglich Nachhaltigkeit, Umweltschutz und dem, was im Leben für wichtig gehalten wird, sehr unterschiedlich zwischen den europäischen und afrikanischen Partnern sein.

Für Programme, die nur einen verhältnismäßig geringen finanziellen Beitrag für die Vor-Ort-Entwicklung leisten, insbesondere für Erziehung, Training, Betrieb und Wartung der Maßnahmen, wie dies generell für Forschungs- und Entwicklungsprogramme zutrifft, sind noch einige zusätzliche Hinweise wichtig:

Der qualifizierte ökologische Ausbau der VVU wäre in dem beabsichtigten Umfang, in der kurzen zur Verfügung stehenden Zeit und dem beschränkten Finanzrahmen kaum möglich gewesen ohne den zum größten Teil nicht durch das Programm finanzierten Einsatz der Planer.

Ein zweiter, unentbehrlicher Bestandteil für den langfristigen Erfolg der Maßnahmen waren die zusätzlichen CIM-Experten, die aus weiteren Programmen finanziert werden konnten. Weil sie entscheidend wichtig sind, macht sich der dafür erforderliche zusätzliche (unbezahlte) Aufwand für deren Mittel-Anwerbung auf jeden Fall bezahlt.

Die Erfahrungen für den Projektstandort und die beteiligten Institution können im Folgenden zusammengefasst werden:

Die Baulichkeiten und Installationen, die im F+E-Programm überwiegend von ghanaischer Seite finanziert werden mussten, konnten nur nach und nach umgesetzt werden, ganz nach den jeweils verfügbaren hereingekommenen Spenden und Finanzierungsgeldern. Das machte es schwer, die Umsetzung in der entsprechenden Zeit und gewünschten hohen und speziellen Qualität umzusetzen und führte hier auch entweder zu Einbußen an Geld und Qualität oder Mehraufwand, um dies zu vermeiden. Die vielen nachträglichen Veränderungen der bereits abgestimmten Planungen verursachten ebenfalls eine Menge an zusätzlicher Arbeit für das Planungsteam. Teilweise war das auf die immer beschränkten Ressourcen und Kompetenzen der Universitätsbauleitung zurückzuführen (bezüglich Arbeitskräften, Qualifikation, Räumen und Ausrüstung).

Das administrative Netzwerk der Universität war ziemlich kompliziert, mit ganz unterschiedlichen Verantwortlichkeiten und Zuständigkeitsbereichen in den unterschiedlichen Positionen des Netzwerkes. Genau diese komplizierte Bürokratie war jedoch ein erhebliches Hindernis, das anspruchsvolle und zeitlich beschränkte ökologische Bau- und Umsetzungsprogramm in der bewilligten kurzen Zeit durchzuführen. Die bürokratischen Abläufe der VVU mussten deshalb, soweit sie für das ökologische Programm von Belang waren, auch auf das Projekt angepasst bzw. getrennt davon abgewickelt werden. Ganz entscheidend ist der frei verfügbare Fluss von Geldmitteln. Wenn es hier Hindernisse gibt, müssen diese unmittelbar abgestellt werden, um die Arbeiten ohne zu lange Verzögerungen und Qualitätseinbußen weiterführen zu können.

Wichtig für die Einhaltung des Zeitplans und der Qualität waren: ausreichend und zeitnah verfügbare Geldmittel, Transparenz bei der Beschaffung, die Organisation der Arbeitskräfte abgestimmt auf den Bedarf an der Baustelle, ausreichende Verfügbarkeit von Arbeitskräften bezüglich Menge, Qualifikation und Fertigkeiten sowie angepasste Verfügbarkeit von Baumaterial und Ressourcen (Treibstoff, Wasser, Elektrizität).

5.1.2 Unterstützendes

Die ökologische Entwicklung der VVU konnte unter einigen sehr günstigen Rahmenbedingungen durchgeführt werden:

- Ghana war und ist ein friedliches, stabiles und nicht zu armes Land.
- Der Präsident der VVU war sehr aufgeschlossen gegenüber ökologischen Kreislaufsystemen und der ganzheitlichen ökologischen Entwicklung.
- Der Entscheidungsprozess an der VVU ist schnell (private Universität).
- Die VVU war erst am Anfang des Campus-Ausbaues, was eine grundsätzliche ökologische Ausrichtung und Entwicklung auf dem Sektor der Städteplanung, der ökologischen Gebäude und auch entsprechender Studiengänge erst möglich machte.
- Die Valley View University als angesehene Universität und Bildungseinrichtung konnte als ein positives Beispiel und als guter Multiplikator von Konzepten und Erfahrungen dienen.
- Die Ergebnisse und praktischen Erfahrungen können von externen Institutionen, Firmen, Schulen und Universitäten genutzt werden, die ebenfalls in ähnlichen Ausbaustadien stehen. Sie können diese dann auch wieder in ihren Lehrinhalten und Studiengängen verwenden.

Es war günstig, die ökologische Entwicklung zunächst mit einer Vorphase zu beginnen, die es erlaubte, intensiv mit den Beteiligten die Projektgestaltung durchzugehen und gemeinsam ein ganzheitliches ökologisches Konzept zu entwickeln, sowie mit einigen ersten Maßnahmen bereits Erfahrungen zu sammeln, bevor dann in weiteren Schritten im Hauptprogramm umfangreichere Maßnahmen und Installationen umgesetzt wurden.

Die spezielle Zusammensetzung der Partner (Universitäten, Firmen, NGO) deckte einen weiten Teil des integrierten Ansatzes ab (Architektur, Natur, Naturschutz, Wassermanagement, Landwirtschaft, Technologien, Training, Lehrgänge, Qualitätsmanagement, Öffentlichkeitsarbeit ...) und stellte sich als sehr hilfreich heraus, um die ökologische Ausrichtung tatsächlich umzusetzen und auch den Langzeiterfolg wahrscheinlich zu machen. Die hautsächlichen Leitlinien wurden durch den ökologischen Gesamtplan vorgegeben, der Gesamtkonzepte für Verkehr, Infrastruktur, Gebäude und Landnutzung festlegte.

Um das Ziel des Projektes zu erreichen, wurde ein interdisziplinäres Team von Spezialisten gebildet, dabei wurden alle Beteiligten in den Entwicklungsprozess mit einbezogen. Während der ganzen Umsetzungszeit, von der Entwicklung einer Vision, den Plänen und den Bau- und Installationsarbeiten bis zur Feier der großen Eröffnung wurde an alle Kreise der Beteiligten gedacht. Die Zusammensetzung der Beteiligten bot eine große Vielzahl von Erfahrungen, Ansichten und Fertigkeiten. Deren Berücksichtigung während des Umsetzungsprozesses ermöglichte es auch, auftretende Hindernisse und Probleme stimmig zu analysieren und passende Lösungen zu finden. Dieses Zusammenwirken aus verschiedenen sozialen und kulturellen Hintergründen führte zu einem fruchtbaren Austausch von Wissen in alle Richtungen sowie unter allen beteiligten Personen und Teams. Die Entwicklung wurde immer wieder in ökonomischer, ökologischer und soziokultureller Hinsicht überprüft und, wenn nötig, geändert. Falls erforderlich, wurden Kompromisse gefunden, die es ermöglichten, die für alle bestmögliche Lösung zu finden.

Eine entscheidende Voraussetzung für den Erfolg war, dass alle Beteiligten hoch motiviert und entschlossen waren, das gemeinsame Ziel zu erreichen. Alle Beteiligten waren bereit, zu kommunizieren. Nachgeben und Bestehen auf bestimmten Maßnahmen waren ausgeglichen.

Zum Erfolg trug auch bei, dass die Planungen für den ökologischen Gesamtplan selbst, aber auch für die neuen Gebäude und die ökologischen Installationen für die VVU kostenlos waren, was die Umsetzung leicht, schnell und professionell ermöglichte.

5.2 Ganzheitliches Gestalten und Planen in der Praxis

5.2.1 Kreislaufmanagement und Landnutzung integriert

Die ökologischen Kreisläufe sind eng mit der Flächennutzung des Campus verzahnt und müssen deshalb zusammen mit dieser umgesetzt werden. Dies betrifft insbesondere die Siedlungsentwicklung mit den Gebäuden, die Grünflächen und die landwirtschaftliche Fläche. Wegen der Dauerhaftigkeit der Maßnahmen, besonders im Bereich der Bebauung und Infrastruktur, und deren langfristigen, sich über viele Jahrzehnte erstreckenden Auswirkungen muss diesen bei der Planung und Umsetzung besondere Aufmerksamkeit geschenkt werden.

Das begrenzt das Ausmaß nur kurzfristig angelegter Experimente auf dem Campus, speziell also, was Gebäude und Installationen betrifft: Fehler in diesem Bereich können kaum ausgemerzt werden und wenn, dann meist nur, indem eine große Menge an Geld und Zeit eingesetzt wird. Andererseits kann eine integrierte ganzheitliche Entwicklung von Siedlungen und die entsprechende Gestaltung der Flüsse von Stoffen und Information nur im Praxisversuch vor Ort auf Tauglichkeit geprüft werden, nicht aber im Labor. Deshalb ist der bei der VVU gewählte Ansatz ein guter Kompromiss.

Aufgrund der an der VVU durchgeführten Projekten sind jetzt erfolgreich getestete Werkzeuge verfügbar, wie z. B. der Ansatz der „Stadtschaft“ und das Zellenmodell. Diese wurden gerade für die komplexen Aufgaben in der Siedlungsentwicklung entwickelt und zum ersten Mal unter Praxisbedingungen auf dem Campus der VVU getestet.

Siedlungsökosysteme, die eine Kreislaufwirtschaft beinhalten, zeichnen sich bisher oft durch einen relativ hohen Anspruch bezüglich der Umsetzung und der technischen Ausrüstung aus. Beides stellt erhöhte Anforderungen bei Planung, Betrieb und Wartung.

Die Erfahrung in Ghana zeigt, dass alle Konzepte mit hohen Nachfolgekosten und großem Aufwand für Wartung und Betrieb langfristig dort nicht funktionieren werden. Komplizierte technische Ausrüstung an Leitungen, Verteiler, Filter, Pumpen, Messinstrumente usw. erfordert, stellt eine große Herausforderung an die Betriebsmannschaften dar und für die Finanzierung der erforderlichen Arbeitskräfte und Ersatzteile.

Um diese Schwierigkeiten zu vermeiden, sollte von Anfang an bereits die Planung so sein, dass sie hinsichtlich Betrieb und Wartung möglichst wenig Aufwand verursacht. Hilfreich ist es auch, wenn die Ausführung so ist, dass im Falle von Fehlfunktionen die Schadensursache und der Schaden als solcher offensichtlich ist, z. B., dass der Überlauf eines Septik-Tanks sichtbar bleibt. Bei Auftreten von Problemen erscheint dies vielleicht zunächst vordergründig als unerfreulich, führt jedoch eher zur Behebung der Fehlerquelle, als wenn die Fehler im Untergrund auf eine unkontrollierbare und zunächst unsichtbare Weise für eine gewisse Zeit versteckt bleiben.

5.2.2 Integrierte Gestaltung von Information und Qualität

Die integrierte Gestaltung von Information und Qualität war von Anfang an Bestandteil der ganzheitlichen Entwicklung an der VVU. Im Verlauf der ökologischen Projekte an der VVU musste dieser Bereich beträchtlich erweitert und vertieft werden. Gerade die Bedeutung des soziokulturellen Hintergrundes stellte sich für die Umsetzung einer ökologischen Entwicklung als äußerst wichtig heraus, bezogen auf Kommunikation, Verständigung, Entscheidungsprozesse, Schulung, Akzeptanz usw. Die Notwendigkeit, bei ökologischen Projekten die Bedürfnisse und den soziokulturellen Hintergrund wirklich zu verstehen, machten es erforderlich, entsprechende Methoden und Werkzeuge zu entwickeln, von denen einige in diesem Handbuch enthalten sind. Glücklicherweise konnten viele der Ansätze und Werkzeuge im Verlauf der zehnjährigen ökologischen Entwicklung der VVU erfolgreich getestet werden und stehen deswegen für zukünftige Projekte zur Verfügung.

Ganz allgemein scheint bei Projekten im Bereich der Entwicklungszusammenarbeit, des Ingenieurwesens, des Bauens usw. die Bedeutung von Information in Ökosystemen und deren Gestaltung (als Kommunikation, Akzeptanz, Organisationsstrukturen, soziokultureller Hintergrund) in weitem Umfang unterschätzt zu sein. Sie muss jedoch nach unseren Erfahrungen gerade bei solchen ökologischen Projekten unbedingt eine besondere Berücksichtigung finden.

5.2.3 Ökologisches Bauen an der VVU

Die Bauplanungen an der VVU wurden bisher in üblicher Weise durchgeführt: Entsprechend dem Bedarf wird ein Vorentwurf erstellt, der nach seiner grundsätzlichen Annahme dann ‚passend' gemacht wird. Vorbilder sind meist historisierende Bauten mit schmückender Gestaltung oder – insbesondere bei Bürobauten – moderne Gebäude von der Nordhalbkugel mit technischer Klimatisierung, was auch ein Statussymbol ist. Einfach wird meist als wenig komfortabel und billig angesehen, alte Bauerfahrungen aus der Kolonialzeit werden wenig genutzt. Bauen nach ökologischen Gesamtkonzepten als Grundlage aller Entscheidungen ist weltweit kaum vertreten und in Ghana praktisch gar nicht.

Das Projekt hat gezeigt, dass ökologisches Bauen möglich ist und erfolgreich sein kann. Die Nutzung der Gebäude und ihres Umfeldes wird besonders positiv aufgenommen, die Baupreise waren sehr niedrig. Zukünftige Planungen sind vor Ort allerdings erst möglich, wenn die Akzeptanz auch bei neuen Projekten gegeben ist, also diese Qualität gefordert wird, und wenn entsprechende Planungsspezialisten hierfür ausgebildet werden. Dies wird in der Regel noch in Zusammenarbeit mit einem passend spezialisierten Büro im Ausland geschehen müssen. Ein geeigneter internationaler Studiengang ist erforderlich.

Die Umsetzung kann gerade bei öffentlichen Bauten und insbesondere bei international geförderten Projekten gefördert werden, wenn in den Ausschreibungen die ökologischen Anforderungen aufgeführt werden, was bisher nicht der Fall ist. Ein erster Erfolg konnte für die Ausschreibung für ein vom IWF finanziertes Verwaltungsgebäude erreicht werden.

5.3 Allgemeine Schlussfolgerungen

Für eine nachhaltige Entwicklung gibt es zwei Grundvoraussetzungen:

- die Berücksichtigung aller Bereiche der Nachhaltigkeit (Ökologie, Ökonomie und Soziales),
- Einbezug aller Beteiligten.

Bei der Durchführung der Programme lernten wir, dass Beweglichkeit hilft, die Ziele zu erreichen. Die Planung sollte nicht nur während der Entwurfsarbeiten, sondern auch während der Bauphase offen sein für vielleicht „vergessene Aspekte". Die Beweglichkeit ist also auch erforderlich, um mit unterschiedlichen Ausgangslagen fertig zu werden, wie beispielsweise mit nationalen Engpässen bei bestimmten Ressourcen. All das hilft letztlich, den gewünschten Qualitätsstandard und zeitlichen Ablauf einzuhalten. Trotz dieser erforderlichen Beweglichkeit gibt es natürlich unabänderliche Leitlinien für die Entscheidungen, die auch eingehalten werden müssen.

Bevor man jedoch Kompromisse eingeht, müssen zunächst einmal die Gründe für die Unterschiede und die unterschiedlichen Auffassungen vollständig verstanden worden sein. Damit die Einrichtungen auch langfristig funktionieren, führt kein

Weg daran vorbei, die kulturellen und sozialen Bedürfnisse sowie das Verhalten der Nutzer und Beteiligten besser kennenzulernen und gut zu verstehen.

Ganz allgemein scheinen in Ghana Erwachsene die getroffenen Vereinbarungen für sehr unverbindlich und einseitig zu ihren Gunsten auslegbar zu halten. Aus Gerechtigkeits- und Akzeptanzgründen müssen die Kompromisse aber zwischen den Beteiligten gerecht und ausgewogen sein und auch eingehalten werden.

Schnelle Entscheidungsprozesse in der Verwaltung müssen gefunden werden und wurden auch gefunden, indem Geldflüsse und die Beschaffung von Material ausgelagert wurden. Auf diese Weise konnte die finanzielle und die Qualitätskontrolle sichergestellt werden. Die Reaktionszeiten der Verantwortlichen innerhalb der Hierarchie der Universität mussten verkürzt werden, das Projekt musste innerhalb der Gesamtentwicklung der Universität Vorrang erhalten. Dabei ist es entscheidend, dass die Schlüsselpositionen mit engagierten und ausgebildeten Personen besetzt werden. Nur dies gewährleistet eine nachhaltige Entwicklung unter den Bedingungen von Ghana. Diese Personen müssen auch über die entsprechenden Befugnisse und Ressourcen verfügen, damit sie die notwendigen Entscheidungen schnell genug treffen können. Bei größeren Projekten ist es außerdem wesentlich, dass die Kommunikation direkt und gut organisiert ist. Schlüsselpositionen und Verantwortliche müssen benannt werden. Gleichzeitig sind Hierarchien wichtig und müssen auch anerkannt werden. Wenn es möglich ist, Verantwortliche zu benennen und diese ebenfalls für ihre Verpflichtungen verantwortlich zu machen, ist dies ein guter Weg, um die Einhaltung von Qualität und Zeit sicherzustellen.

Damit Betrieb und Wartung ordnungsgemäß erfolgen, ist es hilfreich, ein gewisses Budget wie auch eine angemessene Weiterbildung für das Betriebspersonal bereitzustellen.

Die Projekte müssen an die örtlichen Rahmenbedingungen angepasst und ebenso für diese geplant und entwickelt werden. Dazu gehören Faktoren des Klimas wie auch die Verfügbarkeit von Material und die Eignung bestimmter Technologien. Wenn es möglich ist, sollten immer solche Lösungen bevorzugt werden, bei denen größere Dauerhaftigkeit und geringer Betriebs- und Wartungsaufwand möglich sind.

Das ganz Besondere an der ökologischen Entwicklung der Valley View University ist der hierbei verfolgte ganzheitliche und integrierte Ökosystemansatz und dessen Umsetzung in allen Umsetzungsstufen, von den ersten Diskussionen über Planung und Bau schließlich zu Wartung und Betrieb. Die flexible Wiederholbarkeit dieses Beispiels kann hilfreich sein, um solche nachhaltigen Lösungen auch anderswo umzusetzen.

Nach dem Projektabschluss war die ökologische Entwicklung der VVU auf einem guten Weg, und dies trotz verschiedener schwieriger Umstände. Die Erprobung der Integration der ökologischen Kreisläufe in ein Gesamtkonzept hat wertvolle Erkenntnisse für zukünftige Projekte geliefert.

Als wesentlich haben sich die verschiedenen Maßnahmen des ganzheitlichen Informations- und Qualitätsmanagements herausgestellt. Dazu gehören die Klausuren, die Werkstätten, Training, Studium und alle Maßnahmen, um Akzeptanz innerhalb und außerhalb der VVU zu erreichen, ebenso zusätzliches Personal. All das war entscheidend, um letztendlich den Projekterfolg sicherzustellen.

Zeit ist auch ein Schlüsselfaktor. Das bedeutet, dass mindestens fünf Jahre der Zusammenarbeit erforderlich sind, um eine verlässliche Arbeitspartnerschaft aufzubauen, und zusätzlich auch viele Stunden der Kommunikation, der Treffen und der Zusammenarbeit, was bedeutet, dass auf jeden der Beteiligten wenigstens viele Monate an Aufwand vor Ort anfallen.

Normalerweise verlassen die beteiligten Spezialisten und Experten nach der Projektzeit den Standort und hoffen, dass ein ausgebildetes und verantwortliches örtliches Team Zuständigkeit und Aufgaben übernimmt. Weil die Folgejahre entscheidend sind für das Überleben der Projekte, können durch Seminare und Erziehungsprogramme die Nutzer und Betreiber noch in der Projektlaufzeit auf die Zeit danach vorbereitet werden, was ebenfalls zur Dauerhaftigkeit des Projektes beiträgt.

Nach einem Jahrzehnt der Projekterfahrung an der VVU stehen viele nützliche Informationen über die notwendigen Rahmenbedingungen und Voraussetzungen zur Verfügung, um das langfristige Funktionieren eines solchen ganzheitlichen Konzeptes zu gewährleisten. Die positiven Erfahrungen mit diesem ganzheitlichen Ansatz an der Valley View University, die getesteten Maßnahmen und die erreichten Resultate können so ein wertvoller Beitrag für eine nachhaltige Entwicklung von ökologischen Siedlungen überall auf dem Planeten sein.

Autoren, Partner und Institutionen 6

Gunther Geller

6.1 Autoren

- Geller, Gunther, Dipl.-Ing.: Ingenieurökologische Vereinigung IÖV
- Glücklich, Detlef, Prof. Dr.-Ing.: Büro für Nachhaltiges Bauen
- Otte, Annette, Prof. Dr. Dr.: Professur für Landschaftsökologie und Landschaftsplanung, Justus-Liebig-Universität Gießen
- Perfler, Reinhard, Prof. Dr.: Institut für Siedlungswasserbau, Industriewasserwirtschaft und Gewässerschutz der Universität für Bodenkultur Wien
- Richard, Laurent, Dipl.-Ing.: Institut für Siedlungswasserbau, Industriewasserwirtschaft und Gewässerschutz der Universität für Bodenkultur Wien
- Simmering, Dietmar, Dr.: Professur für Landschaftsökologie und Landschaftsplanung, Justus-Liebig-Universität Gießen

6.2 BMU-Projekt Klimafreundliche VVU

6.2.1 Institutionen

- Bundesministerium für Umwelt, Naturschutz und Reaktorsicherheit (BMU), Bonn, Berlin
- Valley View University (VVU), Accra, Ghana

6.2.2 Partner

- Valley View University (VVU), Accra, Ghana: Laryea Seth, Dr., Präsident; Adai Solomon, BSC, Landwirtschaftlicher Direktor; Kwandahor Emanuel, AMSC,

Gunther Geller ✉
Ingenieurökologische Vereinigung IÖV, Augsburg, Deutschland
e-mail: info@ioev.de

G. Geller und D. Glücklich (Hrsg.), *Zukunftsfähige Siedlungsökosysteme*,
DOI 10.1007/978-3-642-39706-6_6, © Springer-Verlag Berlin Heidelberg 2014

Direktor der Universitätsbauleitung, Osei Joseph K., Prof. Dr.: Provost, VVU, Techiman Campus
- Broberg-Consult (BC), Accra, Bergmann Christiane, Dipl.-Ing.
- Büro für nachhaltiges Bauen (BNB), Buchholz, Glücklich Detlef, Prof. Dr.-Ing.
- Ingenieurökologische Vereinigung (IÖV), Geller Gunther, Präsident
- Holdefleiss, Antje, Dipl.-Ing., MSc, Berlin
- Justus-Liebig-Universität Gießen (JLU), Otte, Annette, Prof. Dr. Dr., Simmering, Dietmar, Dr.
- Universität für Bodenkultur Wien (BOKU), Perfler, Reinhard, Prof. Dr., Richard, Laurent, Dipl.-Ing.

6.3 BMBF-Project Ökologische Kreislaufwirtschaft der VVU

6.3.1 Institutionen

- Bundesministerium für Bildung und Forschung (BMBF), Bonn, Berlin

6.3.2 Partner

- Valley View University (VVU), Accra, Ghana: Laryea, Seth, Dr., Präsident; Adai, Solomon, BSC, Landwirtschaftlicher Direktor; Kwandahor, Emanuel, AMSC, Direktor der Universitätsbauleitung
- Bauhaus-University Weimar (BUW), Glücklich, Detlef, Prof. Dr.-Ing., Fries, Nicola, Dipl.-Ing.
- Berger-Biotechnik GmbH, Hamburg, Berger, Wolfgang, Dipl.-Ing.
- Ingenieurökologische Vereinigung (IÖV), Augsburg, Geller, Gunther, Präsident
- Palutec GmbH, Augsburg, Höner, Gunhild, Dipl.-Ing.
- Universität Hohenheim (UHOH), Sauerborn, Joachim, Prof. Dr.-Ing., Germer, Jörn, Dr.
- CIM Partner: Addy, Louis, Dipl.-Ing., Mitterer, Anton

Werkzeuge für die ganzheitliche Gestaltung menschlicher Ökosysteme

7

Gunther Geller, Dietmar Simmering, Annette Otte, Laurent Richard, Reinhard Perfler und Detlef Glücklich †

7.1 Die Werkzeuge und deren Gebrauch

Gunther Geller

Für städtische und ländliche Siedlungsökosysteme und deren wirklich ganzheitliche, nachhaltige und langfristig angelegte Entwicklung gibt es eine große Zahl von brauchbaren Werkzeugen. Der Werkzeugkasten enthält verschiedene Instrumente, die den verschiedenen Bedürfnissen und Einsatzbereichen Rechnung tragen.

Die Werkzeuge fangen mit den Verfahrensanweisungen an, die einen Überblick über den gesamten Ablauf geben, die wichtigsten Schritte in der Umsetzung angeben, ebenso die Beteiligten in den verschiedenen Schritten, das Eingangsmaterial für diese Schritte und das Ergebnis des jeweiligen Schrittes. Als Eingang können z. B. auch weitere Arbeitsmittel aufgeführt sein, etwa Checklisten oder Formblätter.

Gunther Geller ✉
Ingenieurökologische Vereinigung IÖV, Augsburg, Deutschland
e-mail: info@ioev.de

Dietmar Simmering · Annette Otte
Institut für Landschaftsökologie und Ressourcenmanagement, Justus-Liebig-Universität Gießen, Heinrich-Buff-Ring 26–32, 35392 Gießen, Deutschland
e-mail: Dietmar.Simmering@umwelt.uni-giessen.de, landschaftsoekologie@umwelt.uni-giessen.de

Laurent Richard
Institut für Siedlungswasserbau, Industriewasserwirtschaft und Gewässerschutz, Universität für Bodenkultur Wien, Muthgasse 18, 1190 Wien, Österreich
e-mail: richard.laurent@boku.ac.at

Reinhard Perfler
Institut für Siedlungswasserbau, Industriewasserwirtschaft und Gewässerschutz, Nußdorfer Lände 11, 1190 Wien, Österreich
e-mail: reinhard.perfler@boku.ac.at

G. Geller und D. Glücklich (Hrsg.), *Zukunftsfähige Siedlungsökosysteme*,
DOI 10.1007/978-3-642-39706-6_7,

Die Abläufe können weiterhin in Form von Flussdiagrammen dargestellt werden, die den eigentlichen Verfahrensanweisungen vorausgehen.

Checklisten oder Abhaklisten sind Arbeitsmittel, die es erlauben, auf sehr einfache Weise zu kontrollieren, ob an alles gedacht ist, indem die entsprechenden Punkte abgehakt werden. Dies kann schnell und ohne langes Überlegen und Erläuterungen geschehen. Die Checklisten eignen sich deshalb besonders für Fälle, in denen wenig Zeit zur Verfügung steht und rasch eine Übersicht auf Vollständigkeit von Maßnahmen usw. erforderlich ist. Sie eignen sich somit für viele Projekte in allen Phasen der Umsetzung von Maßnahmen.

Formblätter sind Werkzeuge, die auf eine strukturierte Weise helfen, wichtige Fragen zu beantworten, die dabei mehr Informationen und Einsichten vermitteln als die Checklisten, aber ebenso auch einen höheren Zeitbedarf für das Ausfüllen verlangen. Solche Formblätter sind z. B. Fragebögen.

Betriebsanleitungen stellen ausführliche Informationen über Betrieb und Unterhalt von ausgeführten Maßnahmen zur Verfügung. Sie müssen für den speziellen Anwendungsfall erarbeitet werden. Hier ist es jedoch wichtig, an die zukünftigen Nutzer zu denken und die Anleitung so aufzubereiten, dass die Nutzer die Information auch tatsächlich und einfach verstehen können. Aus diesem Grund sollten sie sich auf die wichtigsten Dinge konzentrieren: schon allein deswegen, weil die Praktiker sich weder die Zeit für das Studium der Betriebsanleitungen nehmen noch diese Zeit haben.

Für jedes der einzelnen Fachthemen (Bauen, Vegetationsmanagement, Wassermanagement usw.) gibt es darauf speziell angepasste Beispiele. Dieses soll jedoch lediglich als Hinweis verstanden und für den jeweiligen tatsächlichen Anwendungsfall entsprechend bestmöglich angepasst werden.

In Abschn. 7.3 gibt es verschiedene QM-Werkzeuge für ökologisches Bauen, in Abschn. 7.4 solche für das Vegetationsmanagement usw.

Alle Werkzeuge sind auch im Original als Wordformat erhältlich, was es einfach macht, diese zu nutzen und für den jeweiligen Anwendungszweck zu verändern (siehe auch www.ioev.de).

Für die Werkzeuge werden die folgenden Abkürzungen verwendet: Verfahrensanweisungen (VA), Flussdiagramme (FD), Checklisten (CL), Formblätter (FB), Betriebsanleitungen (PB).

7.2 Werkzeuge für die integrierte Gestaltung von Ökosystemen

Gunther Geller

7.2.1 Checklisten

Checkliste Nachhaltigkeit und Beteiligte

Projekt: ______________________________

Verantwortlich: ______________________________

		negativ	positiv	neutral	Bemerkungen
Menschen					
	Verschiedene Erzeugnisse (Produktivität)				
	Nahrungssicherheit				
	Ernte (Effizienz)				
	Risiken				
	Einkommen und Einkommensverteilung				
	Finanzerfordernisse				
	Finanzrückfluss, Erlöse				
	Arbeitskräftebedarf				
	Betriebs- und Lernerfordernisse				
	Autarkie (Verwendbarkeit örtlichen Materials?)				
	Verfügung über die Erzeugnisse und die Verfahren				
	Allgemeine Wohn-/Lebens-verhältnisse				
	Gesundheitsvorsorge				
	Energieversorgung				
Soziale Selbstbestimmung					
	Familienstruktur				
	Rollenverteilung der Geschlechter				
	Bevölkerungswachstum				
	Erziehung				
	Lokale Institutionen				
	Lokale Kultur				
	Die Rechte der örtlichen Gemeinden				
	„Gesundheit" des Gemeinwesens				

Örtliche Ökonomie und Geldflüsse					
	Lokale Finanzierung				
	Lokale Infrastruktur				
	Lokale Ernten				
	Zugang zu Gemeingütern (Wasser, Weideflächen)				
	Grundbesitz-Verhältnisse				
	Lokale Kulturgüter				
	Lokale Erholungsaktivitäten				
Gleichheit (gesellschaftliche Anteile)?					
	Frauen				
	Männer				
	Mädchen				
	Jungen				
	Alte				
	Junge				
	Arme				
	Reiche				
	Analphabeten				
	Ausgebildete				
Fragen (Ja = positiver Einfluss)					
	Reagiert das System auf die Probleme und Bedingungen, die von den Beteiligten eingebracht wurden?				
	Waren örtliche Beteiligte in allen Stadien der Projektplanung und Umsetzung beteiligt?				
	Wird das System oder die Technologie durch die örtlichen Kräfteverhältnisse unterstützt?				
	Ist das System oder die Technologie verträglich mit den gegenwärtigen örtlichen Praktiken,				
	Vorlieben, Erfahrungen?				
	Baut das System oder die Technologie auf den örtlichen Praktiken und auf den vorhandenen Kapazitäten auf?				
	Wird das System oder die Technologie von anderen Faktoren unterstützt (z. B. von der Landnutzung, der übergeordneten Politik)?				

Checkliste Nachhaltigkeit bezogen auf das Ökosystem

Projekt: ____

Verantwortlich: ______________________________________

		negativ	positiv	neutral	Bemerkungen
Biodiversität					
	Artenvielfalt				
	Seltene oder bedrohte Arten				
	Anzahl von Arten				
	Wildpflanzenvielfalt				
	Nutzpflanzenvielfalt				
	Einbringen von externen Arten? Wenn ja, kann dies einen negativen Einfluss ausüben?				
Land					
	Lebensraum für Tiere und Pflanzen				
	Vegetationsdecke				
	Zustand der Böden				
	Nährstoffrecycling				
	Bodenfruchtbarkeit				
	Bodenstruktur				
	Hangneigung (Erosion)				
Wasser					
	Zugang zu Wasser				
	Wasserversorgung				
	Wassermenge				
	Wasserqualität				
	Entwässerung				
Luft					
	Luftqualität				
Nutzung von Ressourcen					
	Landnutzung				
	Erhalt von natürlichen Ressourcen				
	Ressourcennutzung				

7.2.2 Ökosystemliste

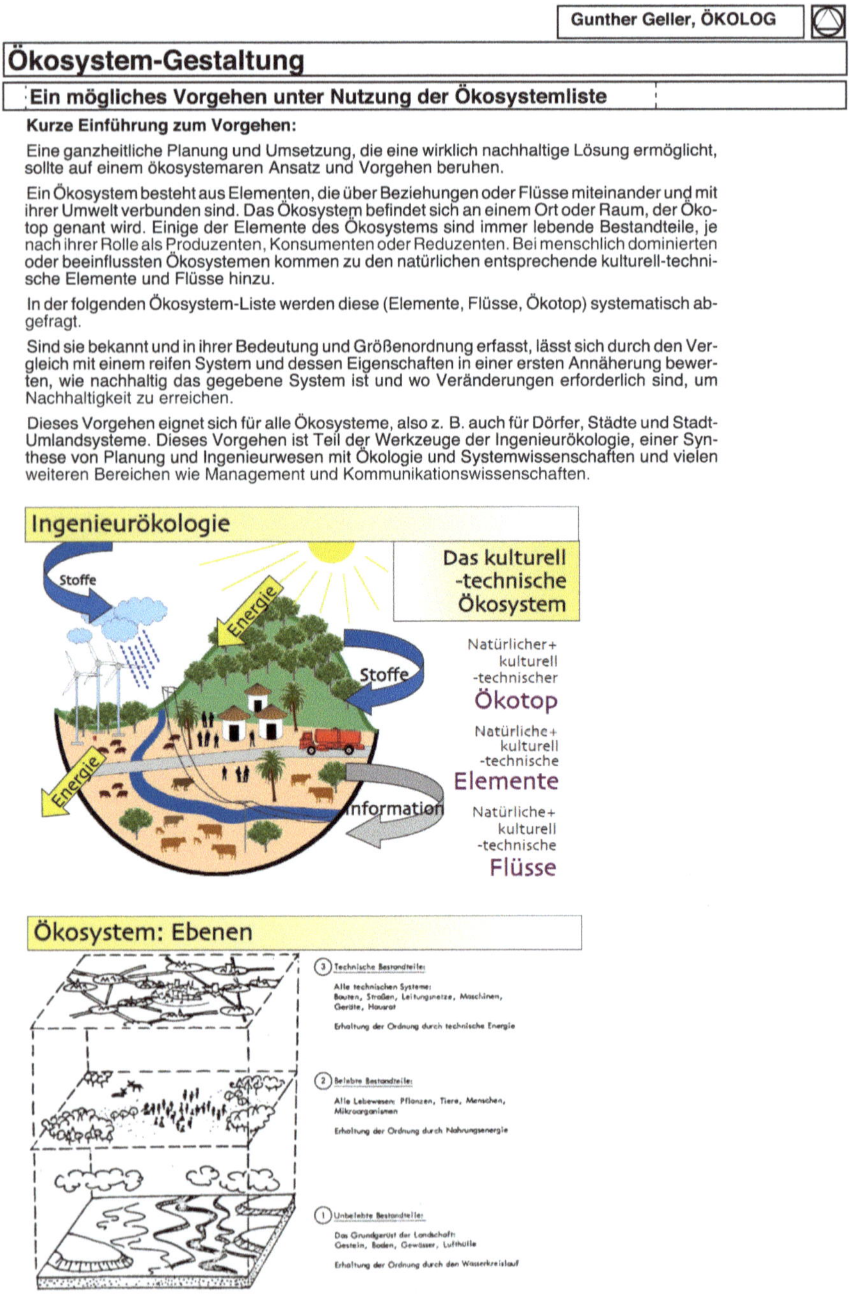

Gunther Geller, ÖKOLOG

Ökosystem-Gestaltung

Ein mögliches Vorgehen unter Nutzung der Ökosystemliste

Kurze Einführung zum Vorgehen:

Eine ganzheitliche Planung und Umsetzung, die eine wirklich nachhaltige Lösung ermöglicht, sollte auf einem ökosystemaren Ansatz und Vorgehen beruhen.

Ein Ökosystem besteht aus Elementen, die über Beziehungen oder Flüsse miteinander und mit ihrer Umwelt verbunden sind. Das Ökosystem befindet sich an einem Ort oder Raum, der Ökotop genant wird. Einige der Elemente des Ökosystems sind immer lebende Bestandteile, je nach ihrer Rolle als Produzenten, Konsumenten oder Reduzenten. Bei menschlich dominierten oder beeinflussten Ökosystemen kommen zu den natürlichen entsprechende kulturell-technische Elemente und Flüsse hinzu.

In der folgenden Ökosystem-Liste werden diese (Elemente, Flüsse, Ökotop) systematisch abgefragt.

Sind sie bekannt und in ihrer Bedeutung und Größenordnung erfasst, lässt sich durch den Vergleich mit einem reifen System und dessen Eigenschaften in einer ersten Annäherung bewerten, wie nachhaltig das gegebene System ist und wo Veränderungen erforderlich sind, um Nachhaltigkeit zu erreichen.

Dieses Vorgehen eignet sich für alle Ökosysteme, also z. B. auch für Dörfer, Städte und Stadt-Umlandsysteme. Dieses Vorgehen ist Teil der Werkzeuge der Ingenieurökologie, einer Synthese von Planung und Ingenieurwesen mit Ökologie und Systemwissenschaften und vielen weiteren Bereichen wie Management und Kommunikationswissenschaften.

Abb. 7.1 Ökosystemliste Seite 1

Gunther Geller, ÖKOLOG

Ökosystemliste

	Wert zz.	Einheit	Zielwert	Einheit
Flüsse				
Stoffflüsse				
Wasser				
Trinkwasser				
Verbrauch		m^3/d, m^3/a		m^3/d, m^3/a
Anteile		Trink-, Brauch-, Waschwasser usw.		
Regenwasser				
Menge		m^3/d, m^3/a		m^3/d, m^3/a
Regenspende		mm/a, Monatswerte		
Abwasser				
Menge		m^3/d, m^3/a		m^3/d, m^3/a
Anteile		häuslich, industriell ...		
		CSB, BSB, NH_4-N, NO_3-N, P_{tot}		
Organische Stoffe				
Nahrung				
unverarbeitet (Kartoffeln, Reis ...		t/a,		
verarbeitet (in Dosen ...)		t/a,		
Futter				
Menge		t/d, t/a		t/d, t/a
Art				
Bioabfall (aus Küche,...)				
Menge		t/d, t/a		t/d, t/a
Dünger				
Menge		t/d, t/a		t/d, t/a
Klassifikation		mineralisch, organisch ...		
Wasch- und Reinigungsmittel				
Menge		t/d, t/a		t/d, t/a
Klärschlamm				
Menge		m^3/d, m^3/a, t/a		m^3/d, m^3/a
Art		kommunal, industriell...		
Baustoffe				
Menge		m^3/d, m^3/a, t/a		m^3/d, m^3/a, t/a
Art		technisch, organisch; Regionalität, Transportentfernung		
Bauabfälle				
Menge		m^3/d, m^3/a, t/a		m^3/d, m^3/a, t/a
Art		technisch, organisch ...		

Abb. 7.2 Ökosystemliste Seite 2

Gunther Geller, ÖKOLOG

Ökosystemliste

	Wert zz.	Einheit	Zielwert	Einheit
Energieflüsse				
Sonne				
Sonnenenergie		kWh/d, kWh/a		kWh/d, kWh/a
		Sonnenscheindauer		Sonnenscheindauer
davon genutzt		kWh/d, kWh/a		
Wind		m/sec Durchschnitt		
davon genutzt				
Öl		m^3/a, t/a		m^3/a, t/a
Verwendungszweck				
Gas		m^3/a		m^3/a
Verwendungszweck				
Electrizität		kWh/a		kWh/a
Verwendungszweck				
Verkehr				
privat		Fahrzeuge/d		Fahrzeuge/d
öffentlich		beförderte Personenzahl		
Informationsflüsse				
Technische Kommunikation		Zahl/d		Zahl/d
Art (Internet, Festnetz, mobil ...)				
Soziokulturelle Kommunikation				
ELEMENTE				
Produzenten				
Grünflächen		m^2, ha, Arbeitskräftezahl		m^2, ha, Arbeitskräftezahl
Landwirtschaftsfläche		m^2, ha, Arbeitskräftezahl		m^2, ha, Arbeitskräftezahl
Acker		m^2, ha, Arbeitskräftezahl		m^2, ha, Arbeitskräftezahl
Wiesen		m^2, ha, Arbeitskräftezahl		m^2, ha, Arbeitskräftezahl
Wald		m^2, ha, Arbeitskräftezahl		m^2, ha, Arbeitskräftezahl
Gärten		m^2, ha, Arbeitskräftezahl		m^2, ha, Arbeitskräftezahl
Naturschutzflächen		m^2, ha, Arbeitskräftezahl		m^2, ha, Arbeitskräftezahl

Abb. 7.3 Ökosystemliste Seite 3

Gunther Geller, ÖKOLOG

Ökosystemliste

	Wert zz.	Einheit	Zielwert	Einheit
Konsumenten				
Einwohner		Anzahl		Anzahl
Arbeitend		Anzahl / %		Anzahl / %
Arbeitssektor				
Primär (Landwirtschaft)		Anzahl / %		Anzahl / %
Sekundär (Produktion)		Anzahl / %		Anzahl / %
Tertiär (Dienstleistung)		Anzahl / %		Anzahl / %
Haustiere		Anzahl		Anzahl
Kühe		Anzahl		Anzahl
Schweine		Anzahl		Anzahl
Schafe		Anzahl		Anzahl
Geflügel		Anzahl		Anzahl
Reduzenten				
(indirekt zu bestimmen)				
Technische Produzenten				
Fabriken				
Einordnung		Produkte, Mengen in t/a		
Technische Konsumenten				
Geräte		Zahl, Energieverbrauch in kWh		
Waschmaschinen		Zahl, Energieverbrauch in kWh		
Kühlschränke		Zahl, Energieverbrauch in kWh		
Öfen, Herde		Zahl, Energieverbrauch in kWh		
Maschinen in Fabriken		Zahl, Energieverbrauch in kWh		
Gebäude		Zahl, Energieverbrauch in kWh		
Privatautos		Zahl, Energieverbrauch in kWh oder l		
Öffentl. Verkehrsmittel		Zahl, Energieverbrauch in kWh oder l		
Technische Reduzenten				
Kläranlagen		Einwohnerwerte, m3/a		
Kompostplätze		behandelte Menge t/a		
Biogasanlagen		behandelte Menge t/a		
Deponien		behandelte Menge t/a		
Recyclinganlagen/-höfe		behandelte Menge t/a		

Abb. 7.4 Ökosystemliste Seite 4

Gunther Geller, ÖKOLOG

Ökosystemliste

	Wert zz.	Einheit	Zielwert	Einheit
ÖKOTOP (Lebensraum)				
Klima				
Regen				
Sonne				
Frost				
Geologie/Böden				
Geologie				
Böden				
Hydrogeologie				
Topographie				
Höhenlage				
Landschaftsformen				
Flächennutzung		ha, m², %		
Bauten				
Verkehr				
Landwirtschaft				
Wald				
Gartenbau				
Technische Infrastruktur				
Im Gebäude				
Wassersystem				
Abwasser-System		Stoffstrom-Trennung? Komposttoiletten?		
Heizungssystem		Nutzungsgrad der Solarenergie		
Kühlsysteme				
Glashausflächen				
Außerhalb der Gebäude				
Wassersystem				
Abwasser-System				
Regenwassersystem				
Biogas-Anlagen				
Gasleitungen				

Abb. 7.5 Ökosystemliste Seite 5

Gunther Geller, ÖKOLOG

Ökosystemeigenschaften

Kennzeichen eines reifen Ökosystems *(nach Odum)*

Stoffe
- Kleine weitgehend geschlossene Stoffkreisläufe (z. B. bei Wasser)
- Kleine Stoffverluste aus dem System
- Produktion auf Qualität, nicht Menge ausgerichtet

Energie
- Weitgehendste Ausnutzung der Energie

Information
- Hoher Wirkungsgrad der Information
- Hoher Informationsaustausch im System
  - der das Wachstum wirksam regelt
  - der stabilisiert, selbstregulierend wirkt und unabhängig macht
  - mit vielen Rückkopplungen
  - mit hoch entwickeltem Zusammenleben im System
- Selbstorganisation
- Hohe Vielfalt
- Hohes Maß an Stabilität
- Hohes Maß an Redundanz

Abb. 7.6 Ökosystemliste Seite 6

7.3 Werkzeuge für die integrierte Gestaltung von Information und Qualität

Gunther Geller

7.3.1 Flussdiagramme und Verfahrensanweisungen

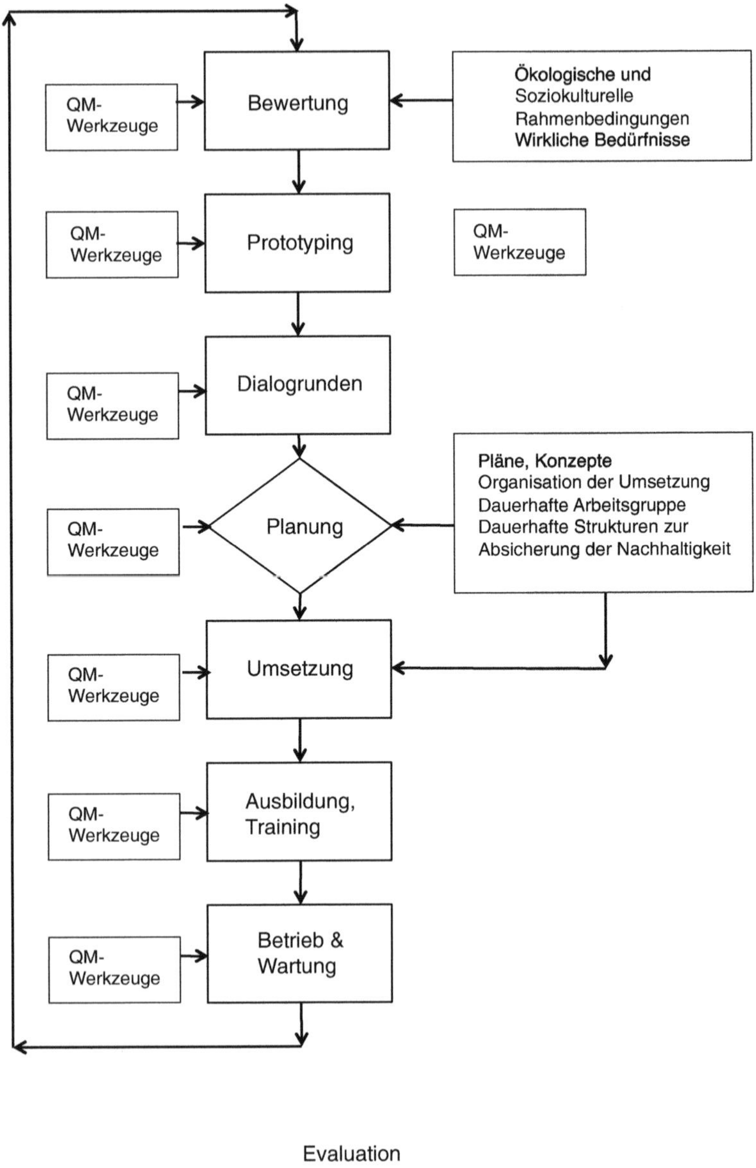

Abb. 7.7 FD Integriertes Informations- und Qualitätsmanagement

Tab. 7.1 VA Ganzheitliches Qualitätsmanagement

Eingang	Verfahren	Ergebnis	Beteiligten
Anfrage oder Studie	Start	Besuch vor Ort	Auftraggeber
	↓		
Anforderungen → Checkliste Bestandsaufnahme	Bestandsaufnahme Schritt 1	Kenntnis über die ökologischen und soziokulturellen Rahmenbedingungen	Auftraggeber, Interessensgruppen
	↓		
Tatsächliche Bedürfnisse → M1-3	Bestandsaufnahme Schritt 2	Kenntnis über die Bedürfnisse	Wichtige Beteiligte, Koordinator
	↓		
Erfahrung in ökologischer Planung	Erprobung mit Testmustern	Erste Vorschläge für Pläne – Maßnahmen	Planer, Ingenieure
	↓		
→ M1-3	Dialogrunden	Abgestimmte Planung	Planer, Beteiligte
	↓		
Abgestimmte Pläne und Maßnahmen Fachliteratur	Planung	Pläne zur Umsetzung	Planer, Auftraggeber
	↓		
Pläne	Umsetzung	Umgesetzte Maßnahmen	Bauoberleitung, Bauleitung
	↓		
Pläne, Betriebsanleitung	Training und Ausbildung	Fachwissen	Planer, Bauleiter, Betriebsleitung
	↓		
	Angepasste Strukturen	Nachhaltigkeit	Auftraggeber
	↓		
Betriebsanleitungen → BA Betriebsanleitung	Betrieb und Wartung	Funktionierende Einrichtungen	Betriebs- und Wartungspersonal

7.3.2 Checklisten (CL)

Checkliste Nachhaltigkeit von menschlichen Ökosystemprojekten: Schlüsselfaktoren

Projekt: ______________________________

Verantwortlich: ______________________________

	ja	nein	o. k.	Bemerkungen
Projektziele klar definiert?				
Für das Projekt besteht Bedarf?				
Das Projekt löst ein wirkliches lokales Problem?				
Das Projekt bringt sozialen und wirtschaftlichen Nutzen?				
Der soziokulturelle Rahmen ist verstanden?				
Der ökologische Rahmen ist verstanden?				
Die wirklichen lokalen Bedürfnisse sind bekannt?				
Die örtlichen Entscheidungsprozesse sind verstanden?				
Eine Vorphase ist möglich/durchgeführt?				
Beteiligten sind engagiert?				
Die Lösungen funktionieren bzw. sie sind wirksam?				
Es gibt auch langfristig Unterstützer/Betreiber?				
Als Hauptauftrageber/Beteiligter gibt es eine stabile Organisation				
Das Land ist stabil				
Die Organisationseinheit ist stabil?				
Als Kümmerer wurde eine langfristig funktionierende Einheit eingerichtet?				
Es besteht Harmonie in der Projektgruppe?				
Es besteht Harmonie im lokalen System?				
Es gibt rasche Entscheidungsprozesse?				
Es gibt genügend Zeit?				
Es gibt genügend Ressourcen?				
Die Vermarktung ist effektiv?				
Es werden Geschäftsmöglichkeiten eröffnet, die das langfristige Funktionieren des Projektes sicherstellen?				
Auftraggeber und lokale Beteiligte haben auch am wirtschaftlichen Nutzen Anteil?				
Die lokalen Beteiligten nehmen an der Entwicklung des Projektes teil?				
Es gibt Infrastruktur und Ressourcen für zukünftige Maßnahmen?				
Aktionsforschung begleitet das Projekt?				

Bemerkungen:

7.3.3 Formblätter

QM-Fragebögen sind ein sehr gutes Mittel eines integrierten Informations- und Qualitätsmanagements. Sie werden von den Teilnehmern anonym und vertraulich ausgefüllt, was persönliche Bemerkungen und Einsichten weiterzugeben erlaubt, die andernfalls nicht geäußert und verfügbar gemacht werden würden. Die übliche Zeit zwischen den Berichten beträgt zwischen ein und drei Monaten. Der Projektkoordinator oder die koordinierende Einrichtung erhält auf diese Weise einen sehr guten Überblick über das Verfahren, die Probleme, mögliche Lösungen und die Atmosphäre des Projektes zu den jeweiligen Zeiten der Abgabe der Berichte. Der Überblick entsteht dadurch, dass von den verschiedenen Projektbeteiligten aus deren unterschiedlichen Blickwinkeln über ihre Einzelbereiche Berichte abgegeben werden und in der Zusammenschau aus diesen Mosaiksteinen sich ein recht gutes Gesamtbild ergibt.

Fragebögen sind auch ein gutes Mittel, um Informationen zum Erfolg von Werkstätten und Tagungen zu bekommen. Es empfiehlt sich, vor und nach der jeweiligen Veranstaltung solche Fragebögen zu verteilen; am Anfang sollten die Erwartungen schwerpunktmäßig abgefragt werden, am Ende dann die Erkenntnisse und ob sich die Erwartungen der Teilnehmer erfüllt haben.

Für jeden der Themenbereiche (Projektüberwachung, Beginn einer Konferenz, Ende einer Konferenz) wird nachfolgend beispielhaft ein Fragebogen vorgestellt. Je nach der Art der eingesetzten Technik bei der Beantwortung (handschriftlich oder am Computer) muss das Formblatt entsprechend angepasst werden: Für handschriftliches Ausfüllen müssen die dafür vorgesehenen Textboxen vergrößert und dann auf Papier ausgedruckt werden.

Alle diese Formblätter wurden getestet und haben sich bei der ökologischen Entwicklung der Valley View University als hilfreich erwiesen.

7.3.3.1 QM-Fragebogen zur Projektüberwachung

Berichtszeit, Projektpartner:

Ziel: Austausch von Information und Erfahrungen, um den Projekterfolg sicherzustellen. Gibt die Einschätzung des jeweiligen Teilprojektes wieder und aus diesem Blickwinkel also auch die Einschätzung des Gesamtprojektes.

Berichtszeit: Seit dem letzten Bericht. Abgabe: Am ersten Tag jedes zweiten Monats.

Inhalt / Stil: Das Wesentliche, bezogen auf den eigenen Arbeits- und Verantwortungsbereich. Als kurze Notiz. Die persönliche und subjektive Einschätzung ist wichtig und wird hier nachgefragt. Wenn es zu einer bestimmten Frage keine Antwort gibt, einfach leer lassen. Die Reihefolge der Antworten kann geändert werden, die Antwort sollte jedoch die fraglichen Punkte zum Gegenstand haben. Der Fragebogen kann natürlich erweitert werden. Und jede Form von Anregungen und auch Verbesserungsvorschläge zu diesem Fragebogen sind immer willkommen!

Was wurde auf dem Gebiet des Bauens und der Installationen im Vergleich zum letzten Bericht erreicht?

Was wurde im Bereich von anderen Maßnahmen im Vergleich zum letzten Bericht erreicht?

Was wurde im Bereich von Forschung und Entwicklung im Vergleich zum letzten Bericht erreicht?

Wie ist der Stand des Projektzeitplans hinsichtlich Bauten und Installationen?

Wie ist der Stand des Projektzeitplans bei den anderen Maßnahmen?

Wie ist der Stand des Zeitplans bezogen auf Forschung und Entwicklung?

Was ist bei Maßnahmen / Installationen nicht gut gelaufen?

Was war im Bereich von Kommunikation / Information / Kooperation nicht gut?

Was war im Bereich von Forschung und Entwicklung nicht gut?

Was war im Bereich von Maßnahmen / Informationen besonders gut?

Was war im Bereich von Kommunikation / Information / Kooperation besonders gut?

Was war im Bereich von Forschung und Entwicklung besonders gut?

Was sollte im Bereich der Umsetzung getan werden?

Was sollte im Bereich von Kooperation und Kommunikation getan werden?

Was sollte im Bereich von Forschung und Entwicklung getan werden?

Was war das Wichtigste seit dem letzten Bericht?

Gibt es neue Ideen hinsichtlich Möglichkeiten oder Projektvorschlägen?

Gibt es besondere Wünsche hinsichtlich dem Erfolg des?

Wie ist die Projektzufriedenheit (schlecht – mittel – gut)?

Sonst Wichtiges:

Weiteres?

Name, Ort, Datum

7.3.3.2 ClimSys2010 QM-Fragebogen (zu Beginn): Ihre Erwartungen und Hoffnungen

Wie? Sie können den Fragebogen schnell und mit wenigen Bemerkungen und in kurzen Sätzen ausfüllen, gerade so, wie Ihnen die Antworten einfallen. Wenn Ihnen eine Antwort zu einer Frage nicht gleich einfällt, lassen Sie sie einfach frei, zumindest für den Augenblick. Sie können den Fragebogen anonym ausfüllen wenn Sie wollen. Ihre Kommentare und Vorschläge werden auf jeden Fall vertraulich behandelt, um einen freien Fluss der Kommunikation zu ermöglichen. Besonders wertvoll und hilfreich ist Ihre persönliche, private und subjektive Meinung oder Ihr entsprechender Vorschlag, vielmehr als offizielle Stellungnahmen. Sie können zusätzliche Bemerkungen oder Vorschläge machen, ganz wie Sie wollen, ebenso auch für die Verbesserung dieses Fragebogens. Vielen Dank für Ihren Beitrag!

Bezogen auf ClimSys2010: Was ist für Sie das Wichtigste?

Was würden Sie sich von ClimSys2010 für Ihre jetzige Lage erwarten?

Was ist das Wichtigste, was Sie lernen wollen?

Was ist das Wichtigste, was Sie beitragen wollen?

Welche Vorschläge haben Sie für das Programm?

Gibt es sonst etwas, was Sie bemerken wollen?

Ort und Datum:

Weitere Bemerkungen:

7.3.3.3 QM-Fragebogen für die ClimSys2010-Werkstatt (Schlussphase): Ihre Einsichten, Schlussfolgerungen und Bemerkungen

Warum? Sie waren Teilnehmer von ClimSys2010, und wir hoffen, dass unsere gemeinsame Zeit für Sie eine Freude war.

Wenn Sie nun auf diese gemeinsame Erfahrung zurückschauen, bitten wir Sie um einen Gefallen: Teilen Sie mit uns Ihre Kommentare, Vorschläge, Einsichten, Folgerungen und Bemerkungen, das ist für uns eine sehr große Hilfe.

Wie? Sie können das Ausfüllen schnell erledigen, mit wenigen kurzen Bemerkungen, wie es Ihnen im Augenblick einfällt. Wenn Sie auf eine Frage keine Antwort finden, lassen Sie sie einfach frei, zumindest für den Augenblick. Sie können sie natürlich anonym ausfüllen. Ihre Kommentare und Vorschläge sind auf jeden Fall für uns vertraulich, um einen freien Fluss der Kommunikation zu ermöglichen. Ihre persönlichen, privaten und subjektiven Meinungen und Vorschläge sind am wertvollsten und helfen uns mehr als offizielle Stellungnahmen. Sie können zusätzliche Kommentare oder Vorschläge ganz nach Belieben beifügen, dies trifft auch für die Verbesserung dieses Fragebogens zu. Wir danken Ihnen vielmals für Ihren Beitrag!

Machen Sie bei den folgenden Fragen bei der am besten passenden Stelle ein Kreuz:

Frage	**viel**	**ein wenig**	**Nein**
Hat mir die Werkstatt gefallen?			
Hat die Werkstatt mein Wissen über bestehende Ökoprojekte, Ökonetzwerke, ökologische Studien und Ausbildungsgänge erweitert?			
Hat die Werkstatt mir geholfen, mein Engagement für Ökoprojekte, Ökonetzwerke, Ökostudien und Ausbildungsgänge zu vergrößern?			
War die Zusammensetzung des Programms (Kreis, Arbeitsgruppen, Exkursion, Weltcafé, Vorträge, Markt der Möglichkeiten …) ansprechend?			
War die Tagungsmappe mit den enthaltenden Informationen hilfreich für mich?			

Was war das Wichtigste an der Werkstatt für mich?

Was war meine wichtigste Erfahrung bei der Werkstatt?

Was war das Wichtigste, was ich gelernt habe?

Was war das Beste an der Werkstatt meiner Meinung nach?

Was war das Schlechteste an der Werkstatt meiner Meinung nach?

Welche Vorschläge habe ich für die nächste Werkstatt bezüglich des Inhalts?

Welche Vorschläge habe ich für das nächste Symposium bezüglich der Organisation?

Was kann sonst noch verbessert werden?

Welche Vorschläge habe ich für ein nächstes gemeinsames Ökoprojekt?

Was ist meiner Meinung nach für den Erfolg von Ökoprojekten und Ökostudiengängen am wichtigsten?

Wenn ich der verantwortliche Leiter eines Ökoprojektes wäre: Was wären meine Prioritäten?

Wenn ich der verantwortliche Leiter eines Ökoprojektes wäre: Was wären meine unmittelbaren nächsten Schritte?

Gibt es sonst etwas, was ich bemerken will?

Weitere Bemerkungen:

Ort und Datum:

Abb. 7.8 Schlussrunde von ClimSys2010 vor dem neuen Baobab-Center für Ökostudien an der VVU

7.3.4 Methoden

7.3.4.1 Kreis

Hintergrund Viele ursprüngliche Kulturen nutzten diese Methode zum Austausch, wo in einer Runde alle ohne hierarchische Strukturen sich frei äußern können, ohne dass sie von den anderen unterbrochen werden.

Anwendung Gut für den Beginn und das Ende von Projekten, Werkstätten, Seminaren, Trainingsprogrammen. Gut für weniger als 40 Teilnehmer.

Methode Alle Personen sitzen in einem Kreis (Abb. 7.8). Einer nach dem anderen spricht und drückt sich aus, solange er will und es für den jeweiligen Zweck angemessen ist (normalerweise nur einige wenige Minuten, ein wenig länger bei kleineren Gruppen, etwas kürzer bei größeren Gruppen).

7.3.4.2 Weltcafé

Hintergrund Diese Methode hilft beim Kennenlernen und beim schnellen Austausch bereits von Beginn an.

Anwendung Gut für erste Schritte in Werkstätten oder Seminaren.

Abb. 7.9 Weltcafé-Runde bei ClimSys2010 im neuen Baobab-Center an der VVU

Methode Vier bis fünf Personen sitzen um einen Tisch. Eine Person als Gastgeber schreibt nieder, was in der Runde geäußert wird, am besten auf einen Flipchart-Bogen in großen Buchstaben und in kurzen zusammenfassenden Bemerkungen, also nur mit wenigen Worten und nur in einer Zeile für jeweils eine Idee (Abb. 7.9). Das Ganze dient zum Austausch von Gedanken, nicht für Diskussionen von Für und Wider! Nach 15 bis 20 Minuten verlassen alle bis auf den Gastgeber diesen Tisch und begeben sich an andere Tische. Der Gastgeber erklärt nun den neu Hinzugekommenen ganz kurz, was sich bisher an Erkenntnissen ergeben hat, die nächste Runde dauert dann ebenfalls wieder 15 bis 20 Minuten. Das wird etwa zwei- bis dreimal für einen Punkt oder Schritt in der Werkstatt wiederholt. Die Erkenntnisse oder Ergebnisse werden dann von den Gastgebern der gesamten Gruppe vorgestellt.

7.3.4.3 Wertschätzende Erkundung (Appreciative Inquiry, AI)

Hintergrund Sich ausschließlich auf das Positive zu konzentrieren, ermöglicht einen unterstützenden Fluss von Gedanken und Handlungen, wo hingegen eine Liste von Mängeln und Bedenken eher den Entwicklungsprozess behindert.

Anwendung Gut für jedes Ökoprojekt.

Methode Dies ist ein vierstufiges Verfahren, das mit der Bestandsaufnahme des bereits bestehenden Positiven beginnt, gefolgt von einer gemeinsamen Vision (Dream), wobei hier unterstellt wird, dass es in keiner Hinsicht Begrenzungen gibt, seien es finanzielle, personelle oder andere Ressourcen. Auf diesen zwei ersten Schritten aufbauend wird dann im dritten Schritt (Design) die Gestalt der Umsetzung erarbeitet, sei es hinsichtlich Finanzen, Organisation, Struktur, Vorgehen usw. Im letzten Schritt (Destiny) werden dann die ersten Maßnahmen, die dafür verantwortlichen Personen und Organisationen, die weiteren Unterstützer und ein Maßstab für die Erledigung angegeben.

Die wertschätzende Erkundung kann mit dem Weltcafé kombiniert werden, wobei für jeden der Schritte des AI zwei bis drei Weltcafé-Runden sinnvoll sind.

7.4 Werkzeuge für Naturschutz und Gestaltung von Vegetation

Dietmar Simmering und Annette Otte

7.4.1 Flussdiagramme (FD) and Verfahrensanweisungen (VA) für Naturschutz und Gestaltung von Vegetation

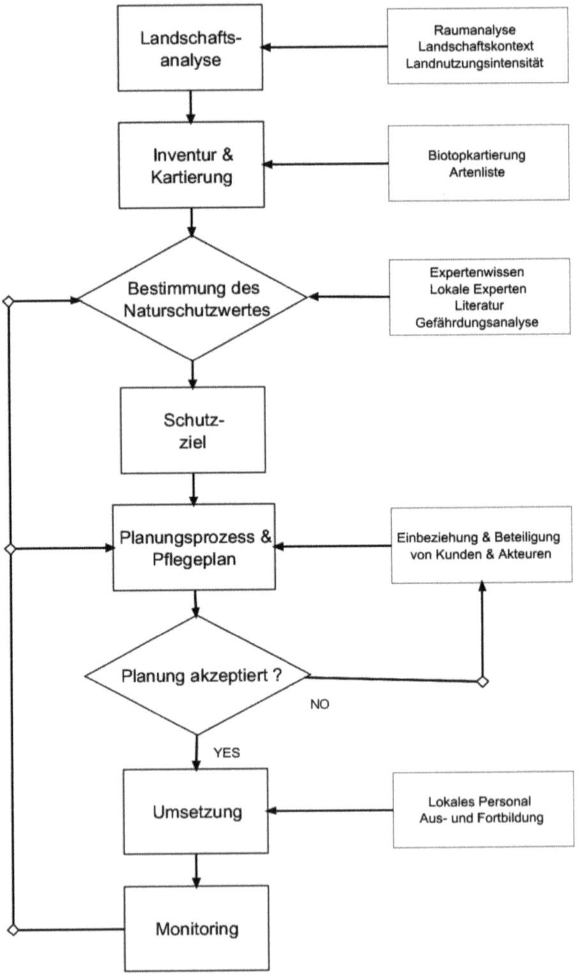

Abb. 7.10 FD Schutz natürlicher und halbnatürlicher Lebensräume

Tab. 7.2 VA Schutz natürlicher und halbnatürlicher Lebensräume

Input	Prozess	Ergebnisse	Beteiligte
Anfrage	Start	Besuch des Projektgebiets	Vertragspartner, Auftraggeber, Auftragnehmer
	↓		
Karten Lokales Wissen Literatur	Landschaftsanalyse	Landschaftsbewertung	Lokale Experten, Behörden, Akteure
	↓		
Masterplan Lokales Wissen Literatur	Kartierung & Inventur	Habitat und Artenbewertung; Schutzziel	Lokale Experten, Behörden, Akteure
	↓		
Ergebnisauswertung	Planung	Managementempfehlungen	Lokale Experten
	↓		
Erste Empfehlungen, Alternativen	Gespräche	Verbesserte Planung	Lokale Entscheidungsträger, Bevölkerung
	↓		
Abschließende Empfehlungen	Endentwurf	Akzeptierte Planung	Lokale Entscheidungsträger
	↓		
Maßnahmen	Umsetzung	Umsetzung der Schutz- und Pflegemaßnahmen	Lokale Entscheidungsträger, Personal
	↓		
	Erhaltung/Schutz	Arten- und Biotopschutz	Personal

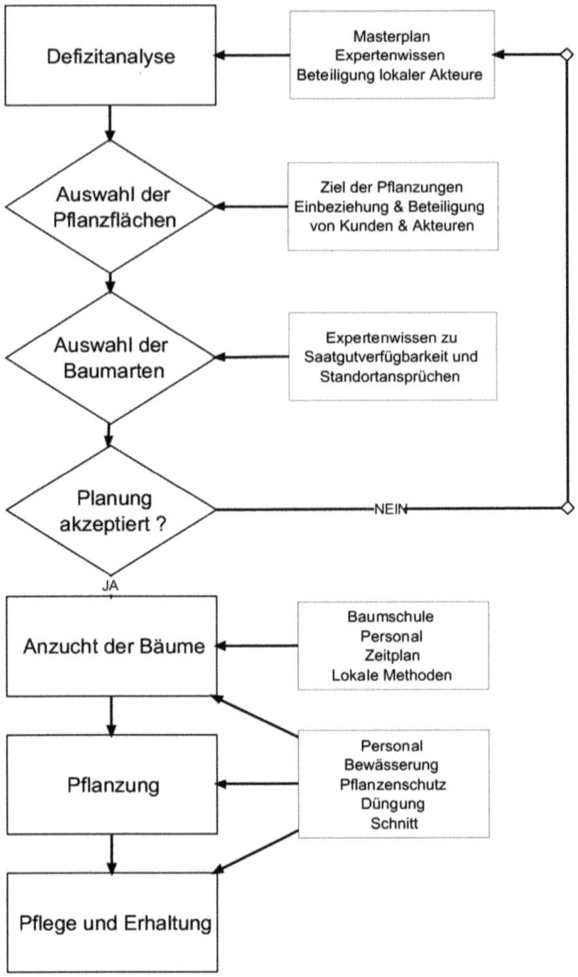

Abb. 7.11 Flussdiagramm (FD) Baumpflanzungsprojekt

Tab. 7.3 Verfahrensanweisung (VA) Baumpflanzungsprojekt

Eingang	Prozess	Ergebnisse	Beteiligte
Anfrage, Bedürfnisse	Vorphase	Ziel & Zweck der Pflanzungen	Vertragspartner, Auftragnehmer
	↓		
Masterplan Expertenwissen Beteiligung der Akteure	Defizitanalyse	Defizitbericht	Berater, Experten, Akteure
	↓		
Lokales Wissen, Ortskenntnis, Schutzgebiete, Literatur	Flächenauswahl	Ausgewählte Flächen, Eignung der Arten	Vertragspartner, lokale Experten
	↓		
Saatgutverfügbarkeit Standorteignung	Artenauswahl	Liste der ausgewählten Baumarten	Experten
	↓		
Ausgewählte Baumarten Infrastruktur (z. B. Platz/Wasser) Lokales Fachwissen & Methoden → CL Anforderungen Baumschule	Anzucht der Bäume	Kultivierte Bäume	Experten, Personal
	↓		
Pflanzmaterial (Jungbäume)	Pflanzung der Bäume	Gepflanzte Bäume	Personal, Experten
	↓		
Bewässerung, Düngung, Schnitt, Pflanzenschutz → CL Pflege und Erhaltung	Erhaltung & Pflege	Gut gepflegte Pflanzungen	Personal, Experten

7.4.2 Checklisten für Naturschutz und Gestaltung von Vegetation

Checkliste Anforderungen an eine Baumschule

Projekt: ___________________________________

Verantwortlich: ______________________________

	Ja	Nein	o. k.	Bemerkungen
Ausreichend Platz verfügbar?				
Genügend ausgebildetes Personal verfügbar?				
Ausreichend Arbeitskräfte verfügbar?				
Werden schattige Bereiche benötigt?				
Vorhandener Schatten ausreichend?				
Wasserverfügbarkeit ausreichend?				
Genügend Topferde (Substrat) verfügbar?				
Pflanzenschutzwissen vorhanden?				
Etat ausreichend?				

Bemerkungen:

Checkliste Baumanpflanzungen und deren Erhaltung

Projekt: ______________________________

Verantwortlich: ______________________________

	Ja	Nein	o. k.	Bemerkungen
Pflanzung				
Ausreichend Arbeitskräfte verfügbar?				
Qualifiziertes Aufsichtspersonal verfügbar?				
Transport des Pflanzmaterials zu den Pflanzflächen sichergestellt?				
Genügend Werkzeug in ausreichender Qualität und Anzahl vorhanden?				
Pflanzabstand angemessen?				
Erhaltung				
Ausreichend Bewässerungswasser vorhanden?				
Wassertransport sichergestellt?				
Rohre, Tanks, Kannen und Werkzeug verfügbar?				
Ausreichend Arbeitskräfte verfügbar?				
Etat ausreichend für zwölf Monate Bewässerung?				
Organischer Dünger verfügbar?				
Pflanzenschutz (bei Bedarf) sichergestellt?				
Regelmäßiger Schnitt sichergestellt?				

Bemerkungen:

Pflanzung Der optimale Zeitpunkt für Baumpflanzungen ist zu Beginn der Regenzeit(en). Hierdurch können die Ausgaben für die Bewässerung beträchtlich reduziert werden. Außerdem ist die Pflanzung im durchfeuchteten Boden deutlich einfacher als in den gehärteten Böden der Trockenzeiten. Der Pflanzabstand richtet sich nach der endgültigen Größe der Bäume.

Pflege In Abhängigkeit der Häufigkeit von Niederschlägen und der Bodenwasserverfügbarkeit ist eine daran jeweils angepasste Bewässerung unbedingt erforderlich, damit die Pflanzungen erfolgreich sind. Während der Trockenzeiten kann eine wöchentliche Bewässerung nötig sein. Es sollte gewährleistet sein, dass die Bewässerung bei Bedarf für zwölf Monate fortgeführt werden kann.

7.5 Werkzeuge für die Gestaltung von Stoffströmen

Gunther Geller

7.5.1 Flussdiagramm (FD) und Verfahrensanweisung (VA)

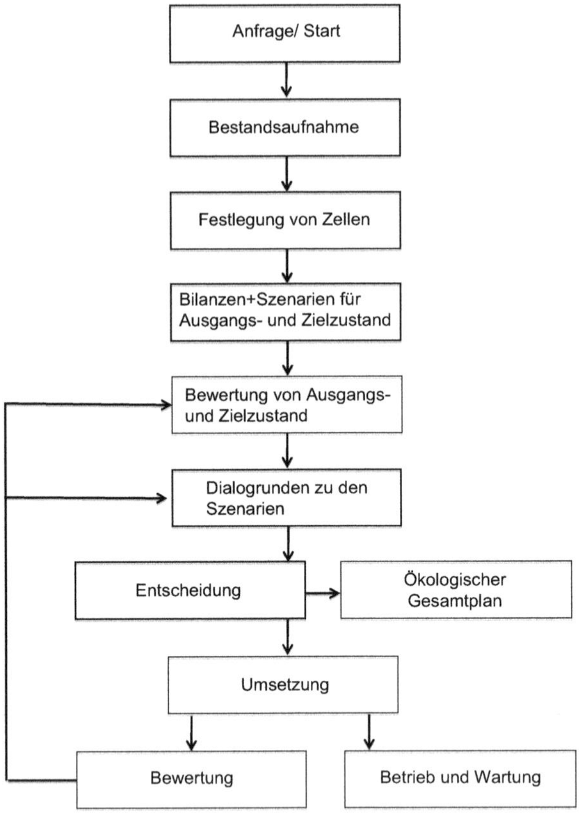

Abb. 7.12 FD Gestaltung von Stoffströmen

Tab. 7.4 Verfahrensanweisung (VA) Gestaltung von Stoffströmen

Eingang	Ablauf	Ergebnis	Beteiligte
Auftrag oder Anfrage	Start	Vereinbarung	Auftraggeber
	↓		
Maßnahmen Plan der Installationen	Bestandsaufnahme	Stoffstrom/Installationen	Interne & externe Fachleute
	↓		
Eigenschaften der Stoffstromzellen	Abgrenzung von Zellen	Abgegrenzte Stoffstromzellen	Fachleute
	↓		
Abgrenzung der Zellen, Ergebnis der Messungen	Hochrechnung für die Ausgangslage & Endlage	Ergebnis für die Lage am Anfang und Ende	Fachleute
	↓		
Ergebnis der Hochrechnung	Bewertung von Ausgangslage & Endstadium	Schlussfolgerungen, Vor- und Nachteile	Fachleute
	↓		
Zusammenfassung der Schlussfolgerungen und Vor- und Nachteile	Dialogrunden	Verständnis zur Wahlmöglichkeit und Vorteilhaftigkeit	Fachleute, Auftraggeber, Beteiligte, NROs, Moderator
	↓		
Zusammenfassung der Dialogrunden	Entscheidungsphase	Entscheidungen für die weitere Entwicklung und Anpassung des Gesamtplans	Fachleute, Auftraggeber, Beteiligte, Moderator
	↓		
Gesamtplan, Pläne, Finanzierung	Umsetzung	Umgesetzte Maßnahmen	Baufirmen, Installationspersonal
	↓		
Maßnahmen & Installationen	Betrieb & Wartung	Auswertung des Systems im Betrieb	Betriebspersonal
	↓		
Auswertungen des QM	Auswertung der Beteiligung	Ergebnisse und Empfehlungen	QM-Verantwortliche

7.5.2 Checklisten für die Gestaltung von Stoffströmen

Checkliste Gestaltung von Stoffströmen: Bestandsaufnahme für den Wassersektor

	Erledigt	Zu erledigen	Nicht erforderlich	Bemerkungen
Wasserzähler Gesamtzufluss				
Wasserzähler auf dem Campus				
Wasserzähler in den Gebäuden				
Anteil von Duschwasser				
Anteil von Wasser für Toiletten				
Anteil von Wasser für Kochen				
Anteil von Trinkwasser				
Stoffstrom zur Cafeteria/Mensa				
Stoffstrom zu den Wohnheimen				
Regenwasser sammelnde Dachfläche				
Gesamte Dachfläche				
Regenwasser sammelnde Oberflächen				
Gesamte Oberfläche				
Bewässerungswasser für Grünflächen				
Bewässerungswasser für die Landwirtschaft				
Wasser für Gewerbe				
Regenwasser				
Regenwasser bezogen auf die Jahreszeiten				
Bilanz				
anfallendes Abwasser				
anfallender Schlamm				
Anfall an Getränken, Sachetwasser usw.				
Qualität der Wasserleitungen				
Qualität der Installationen				
Qualität des Personals				
Zuständigkeiten des Personals				
Finanzierung von Ersatz und Betrieb				

Bemerkungen:

7.6 Werkzeuge für die Gestaltung der Wasserkreisläufe

Laurent Richard und Reinhard Perfler

In diesem Kapitel werden Informationen bezüglich Wassermanagement in Form von Flussdiagrammen (FD), Verfahrensanweisungen (VA) und Checklisten (CL) zur Verfügung gestellt. Das Ziel ist es, dem Leser Werkzeuge anzubieten, die ihm bei der Entwicklung von Wasserinfrastruktur helfen. Dieses Kapitel umfasst noch nicht das gesamte Spektrum an Wasserprojekten, sondern setzt einen Schwerpunkt auf einige Aspekte des Wasserversorgungssystems. Der Text beinhaltet nicht nur Informationen über die generelle Planung von Wasserversorgungssystemen, sondern zeigt auch spezifischere Ausführungen zu Regenwassersystemen. Eine zukünftige Ausgabe dieses Handbuches wird detaillierte Informationen anderer wichtiger Themen des Wassermanagements, wie etwa kreislauforientierte Siedlungshygienekonzepte, behandeln. Bis dahin wird der Leser dazu eingeladen, den Inhalt der exzellenten Publikationen, die am Ende dieses Kapitels aufgelistet sind, zu erkunden.

Im Grunde genommen wird der gesamte Prozess der Entwicklung eines Wasserversorgungssystems und eines Regenwasser-Sammelsystems in Flussdiagrammen (FD) und in Blättern mit dem Titel Verfahrensanweisungen (VA) dargestellt. Mit den Blättern der PD ist es nur möglich, den Prozess als linearen Prozess darzustellen, d. h. von einem Schritt zum nächsten. Das ist während des Projektablaufs allerdings nicht immer der Fall. Manchmal veranlassen neue Informationen den Projektpartner dazu, einen zuvor ausgelassenen Schritt zurückzugehen. Es kann auch notwendig werden, die Projektziele zu adaptieren. In diesem Handbuch werden derartige Mechanismen nur in FCs dargestellt. Aus diesem Grund sollte der Leser die PDs immer gemeinsam mit den FCs verwenden.

Die Checklisten (CL) enthalten für die meisten Projekte wichtige Informationen. Der Leser muss allerdings im Gedächtnis behalten, dass diese Listen nicht vollständig sind und eine Anpassung an das jeweilige Projekt notwendig sein kann.

7.6.1 Wasserversorgung

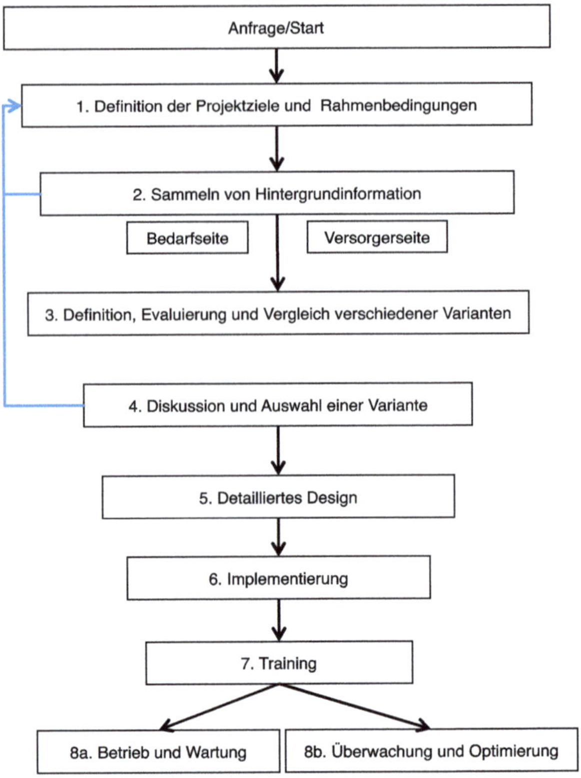

Abb. 7.13 FD Entwicklung eines Wasserversorgungssystems

Kommentar Die blauen Pfeile stellen die Möglichkeit dar, die Projektziele während der Entwicklung des Projekts überarbeiten oder neu definieren zu müssen. Das könnte nach der Sammlung von Hintergrundinformationen nötig werden (Schritt 2). Beispielsweise könnte eine neue Information erkennen lassen, dass manche während der Definition der Projektziele (Schritt 1) getroffenen Annahmen falsch waren. Auch nach der Diskussion der Varianten (Schritt 4) könnte es notwendig werden, die Projektziele neu zu überdenken; etwa wenn keine der Varianten realisierbar ist oder imstande ist die Projektziele zu erreichen.

Tab. 7.5 VA Implementierung/Weiterentwicklung des Wasserversorgungssystems

Werkzeug	Prozess Start	Ergebnis Projektbeginn	Interessensvertreter Auftragnehmer
	↓		
Checkliste Projektziele und Abwicklung: wichtige zu berücksichtigende Aspekte	1. Definition der Projektziele und Rahmenbedingungen	Ziele und Rahmenbedingungen wurden definiert	Auftragnehmer, interessierte Unternehmen, andere relevante Interessensvertreter
	↓		
CL Hintergrundinformation: Wasserbedarf Checkliste Hintergrundinformation: Wasserressourcen	2. Sammeln von Hintergrundinformatio (Wasserbedarf und Wasserressourcen)	Hintergrundinformationen sind gesammelt	Auftragnehmer (Planer), andere relevante Interessensvertreter
	↓		
Checkliste Existierende Methoden: Wasseraufbereitung und Versorgung Checkliste Evaluierung der Methoden: zu berücksichtigende Aspekte	3. Erstellung, Evaluierung und Vergleich von Varianten	Liste aller erstellten, evaluierten und verglichenen Varianten	Auftragnehmer (Planer), andere relevante Interessensvertreter
	↓		
Checkliste Projektziele und Abwicklung: wichtige zu berücksichtigende Aspekte	4. Auswahl einer Variante	Eine Variante ist ausgewählt	Auftragnehmer (Planer), andere relevante Interessensvertreter
	↓		
Professionelle Literatur	5. Design	Fertige Bemessung der Anlage (z. B. Pläne)	Auftragnehmer (Planer), andere relevante Interessensvertreter
	↓		
Pläne Professionelle Literatur	6. Implementierung	Die Variante wurde umgesetzt (z. B. Regenwasserspeicher zur Regenwassersammlung wurde gebaut)	Auftragnehmer (Überwachungsteam, Konstruktionsteam), andere relevante Interessensvertreter
	↓		
Betriebliche Richtlinien	7. Training des verantwortlichen Personals	Das Personal wurde eingeschult	Auftragnehmer (Überwachungsteam, Betriebs- und Wartungsteams), andere relevante Interessensvertreter
	↓		
Betriebliche Richtlinien	8. Betrieb und Wartung Überwachung und Optimierung	Die Anlage wird betrieben, gewartet, überwacht und optimiert	Betriebs- und Wartungsteams, andere relevante Interessensvertreter

Checkliste Projektziele und Abwicklung: wichtige, zu berücksichtigende Aspekte

Projekt: ______________________________

Verantwortlich: ______________________________

Diese Checkliste sollte während Besprechungen, die in der Anfangsphase des Projekts organisiert werden müssen, verwendet werden. Das Ziel dieser Besprechungen wäre die Definition des Projektrahmens.

	JA?	NEIN?
Partizipation		
Alle relevanten Interessensvertreter sind in das Projekt mit einbezogen.		
Alle Interessensvertreter haben die Möglichkeit, bei dem Projekt mitzuwirken.		
Durch gute Kommunikation sind sich alle Interessensvertreter der Projektentwicklung bewusst.		
Projektziele		
Die Projektziele sind klar definiert.		
Das Projekt behindert nicht andere Strategien höherer Autoritäten.		
Die Begünstigten des Projekts sind klar definiert.		
Die möglichen Auswirkungen des Projekts (positive und negative) sind klar definiert.		
Projektabwicklung		
Die für das Erreichen der Projektziele nötigen Aufgaben sind klar definiert.		
Geeignete Ressourcen sind für jede Aufgabe bereitgestellt.		
Die Kompetenzen des Projektpersonals sind klar definiert.		
Die finanziellen Ressourcen des Projekts reichen aus, um die Projektziele zu erreichen.		
Alle potenziellen Quellen für die Finanzierung sind bekannt.		
Lokale Kapazitäten und Fertigkeiten werden genutzt.		
Die Organisation der Gemeinschaft und ihrer Mechanismen sind bekannt. (z. B. Administrationsprozesse)		
Zeitrahmen des Projekts		
Der zeitliche Rahmen des Projekts ist klar definiert.		
Phasen des Projekts sind klar definiert (z. B. mithilfe von Eckterminen).		

Kommentar:

Checkliste Hintergrundinformation: Wasserbedarf

Projekt: ____________________

Verantwortlich: ____________________

	JA?	NEIN?
Wasserbedarf		
Die Gemeinschaft		
Die Bedürfnisse der Gemeinschaft wurden abgeschätzt.		
Varianten der Entwicklung der Gemeinschaft wurden erstellt.		
Kultur, Bräuche und Glauben in Bezug auf Wasser, Abwasser und Hygiene sind identifiziert.		
Die Möglichkeit und die Bereitschaft der Gemeinschaft, für die Wasserversorgung zu zahlen, wurde abgeschätzt.		
Ausreichend Information über die Gemeinschaft wurden gesammelt (z. B. Daten, Berichte in Bezug auf die Population, Struktur, Wirtschaft und Klimadaten).		
Wasserquantität		
Eine Abschätzung des derzeitigen Wasserbedarfs ist vorhanden.		
Eine Abschätzung des derzeitigen Wasserverbrauchs ist vorhanden.		
Varianten der zukünftigen Entwicklung des Wasserbedarfs wurden entwickelt.		
Große Wasserverbraucher wurden identifiziert.		
Die erwünschte Bedienungsqualität wurde definiert (z. B. Anforderungen an den Druck).		
Der derzeitige Stand der Wasserversorgung ist bekannt.		
Wasserqualität		
Die nötige Wasserqualität wurde definiert.		
Die zu beachtenden Qualitätsparameter sind bekannt.		
Rechtliche Voraussetzungen sind bekannt.		

Kommentar:

Checkliste Hintergrundinformation: Wasserressourcen

Projekt: ______________________________

Verantwortlich: ______________________________

	JA?	NEIN?
Wasserressourcen		
Art der Ressource		
Die Verwendung von Grundwasser wurde in Betracht gezogen.		
Die Verwendung von Oberflächenwasser wurde in Betracht gezogen.		
Die Verwendung von Regenwasser wurde in Betracht gezogen.		
Die Wiederverwendung von Abwasser wurde in Betracht gezogen.		
Quantitative Aspekte		
Die mögliche Periodizität der Wasserressource wurde untersucht.		
Der Ertrag der Wasserressource ist bekannt.		
Potenzielle saisonale Schwankungen sind bekannt.		
Der Mindestertrag der Ressource wurde mit dem Wasserbedarf verglichen.		
Die Neubildungsrate wurde untersucht.		
Die Menge des vorhandenen Wassers ist bekannt oder wurde ermittelt.		
Rechtliche, Sicherheitstechnische oder soziopolitische Hinderungsgründe für die Verwendung der Wasserressource wurden identifiziert.		
Qualitative Aspekte		
Die Wasserqualität der Ressource ist bekannt.		
Schwankungen der Wasserqualität wurden berücksichtigt/untersucht.		
Die Sensibilität der Wasserressource gegenüber Verschmutzungen wurde evaluiert.		
Das Potenzial für die Verbesserung des Schutzes der Ressource wurde evaluiert.		
Auswirkungen des Wasserverbrauchs		
Die Auswirkungen der Wasserentnahme/-verwendung auf die Umwelt, auf die Verbraucher und auf die lokale Population wurden evaluiert.		

Kommentar:

Checkliste Anforderungen an Aufbereitung, Weiterleitung, Verteilung von Wasser

Projekt: ______________________________

Verantwortlich: ______________________________

Name(n) der zugehörigen Wasserressource(n): ______________________

		Überprüft	Nicht	Nicht nötig	Kommentar
Quantitative Aspekte					
	Täglicher Wasserbedarf				
	Täglich aufzubereitende Wassermenge				
	Ausbaudurchfluss				
Qualitative Aspekte					
	Ziele der Wasserversorgung (Wassernutzung)				
	Rechtliche Anforderungen und Identifizierung von Schlüsselparametern				
	Benötigte Wasserqualität				
	Waserqualität der Ressource				
	Identifikation problematischer Parameter (d. h., Werte sind außerhalb des von der lokalen Gesetzgebung vorgegebenen Bereichs)				
	Identifikation relevanter Aufbereitungs-/Schutzmaßnahmen, um den lokalen Anforderungen zu entsprechen				
Infrastruktur					
	Existenz von Aufbereitungs-, Weiterleitungs- und Verteilsystemen				
	Eignung/Verbesserungspotenzial der existierenden Systeme				
	Möglichkeiten neuer Einrichtungen und Charakterisierung als zentrale oder dezentrale Systeme				
	Bemessungslebensdauer				
	Benötigte Ressourcen für die Einführung neuer Einrichtungen				
	Kapazität lokaler Ressourcen (z. B. finanziell, menschlich) für die Einführung neuer Einrichtungen				
	Kapazität lokaler Ressourcen (z. B. finanziell, menschlich) für den Betrieb und die Wartung neuer Einrichtungen				
	Akzeptanz dieser Einrichtungen von den lokalen				
	Communities				
Potenzielle Grenzen/Hemmnisse					
	Hinderungen an der Nutzungen der Wasserressource (z. B. rechtliche, sicherheitstechnische, soziopolitische Hinderungen)				
	Potenzial, derartige Hemmnisse zu vermindern				
Erwartete Auswirkungen der Wasseraufbereitung, -weiterleitung und verteilung					
	Auswirkungen auf die Begünstigten/Communities				
	Ökologische Auswirkungen				

Kommentar:

Checkliste vorhandene Methoden: Wasseraufbereitung und -versorgung

Wasserressource: ______________________________
Verantwortlicher: ______________________________

	Überprüft?
Wasseraufbereitung und -versorgung	
Vorbehandlung	
Siebung	
Grobreinigung durch Filtration	
Sedimentation (eventuell mit Fällung und Flockung)	
pH-Wert-Einstellung	
Vorchlorung	
Belüftung	
Aufbereitung	
Chemische Fällung (z. B. zur Entfernung von Fluorid)	
Chemische Oxidation	
Langsamsandfiltration	
Schnellsandfiltration	
Membranfiltration (Mikrofiltration, Ultrafiltration, Umkehrosmose)	
Klärung	
Aktivkohlefilter/Adsorption	
Desinfektion (z. B. mit UV-C oder Chlor)	
Versorgung	
Gravitative Versorgung	
Von einer Pumpe betriebene Versorgung	
Generell	
Zentrale Systeme	
Dezentrale Systeme	

Kommentar:

Diese Checkliste hat das Ziel, dem Leser einen kurzen Überblick über die gebräuchlichsten Wasseraufbereitungstechniken und Wasserversorgungsarten zu geben. Die tatsächlich benötigten Wasseraufbereitungs- und -versorgungssysteme hängen vom Projekt ab (z. B. Art des Rohwassers). Die Systeme müssen von Spezialisten bemessen werden.

Checkliste Schlüsselaspekte des Wassermanagements menschlicher Ökosysteme

Projekt: ______________________________

Verantwortlich: ______________________________

		Überprüft	Nicht überprüft	Nicht nötig	Kommentar
Gesellschaftliche Aspekte					
	Bewusstsein der Begünstigten über das Projekts				
	Akzeptanz des Projekts				
	Mitwirkungsprozess				
	Auswirkungen auf Gesundheit, Umweltbewusstsein, Verantwortung und Besitz				
Technische Aspekte					
	Charakterisierung der eingeführten Lösungen (zentrale oder dezentrale Systeme)				
	Komplexität und Eignung der Lösungen				
	Qualität und Lebensdauer der Anlagen				
	Technische Anforderungen für Betrieb und Wartung				
	Vorort vorhandene Technologien und Materialien				
	Energiebedarf der vorgeschlagenen Lösungen				
	Bedarf an personellen Mitteln				
Finanzielle Aspekte					
	Kosten der vorgeschlagenen Lösung				
	Gewinn der vorgeschlagenen Lösung				
	Kostendeckung				
	Vergleich der vorgeschlagenen Lösungen (unter Mitberücksichtigung von Investition, Betrieb, Wartung und Entsorgung)				
Institutionelle und rechtliche Aspekte					
	Einbindung aller relevanten Interessensvertreter				
	Berücksichtigung rechtlicher Voraussetzungen				
	Berücksichtigung lokaler Administrationsprozesse/ Arbeitsbedingungen				
	Kapazität des lokalen Personals, mit der Entwicklung der Gemeinschaft umzugehen				

Kommentar:

7.6.2 Regenwasser Sammelsystem

Dieser Teil enthält Informationen über die Ausführung eines Regenwasser-Sammelsystems. Der Schwerpunkt liegt hierbei auf dem Entwicklungsprozess des Projekts und an den zu berücksichtigenden Schlüsselaspekten während der Auswahl eines Regenwasser-Sammelsystems. Detailliertere Informationen können in Lehrbüchern über Regenwasser-Sammelsysteme gefunden werden (siehe Literatur).

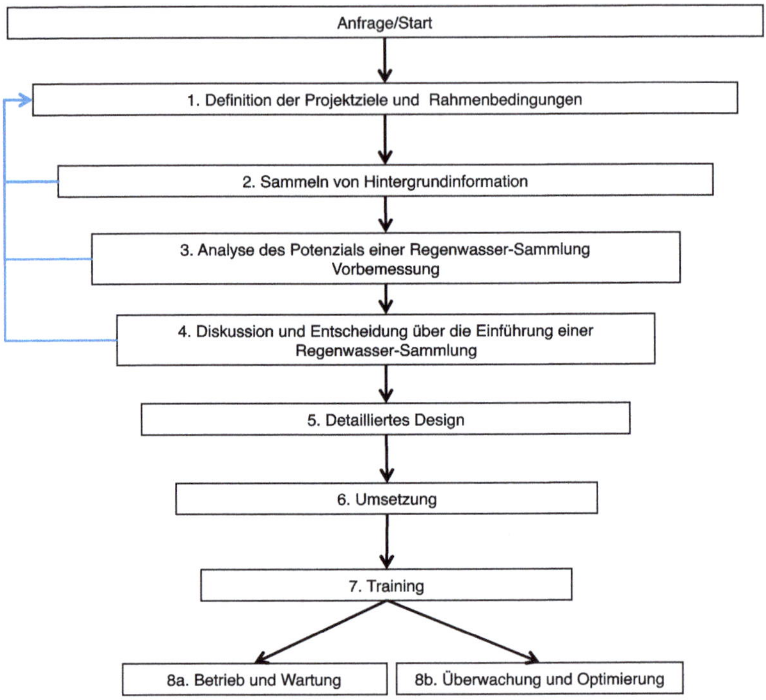

Abb. 7.14 FD Entwicklung eines Regenwasser-Sammelsystems

Tab. 7.6 VA Entwicklung eines Regenwasser-Sammelsystems

Werkzeug	Prozess	Ergebnis	Interessensvertreter
	Start	Projektbeginn	Auftragnehmer
	↓		
	1. Definition der Projektziele und Rahmenbedingungen	Ziele und Rahmenbedingungen wurden definiert	Auftragnehmer, interessierte Unternehmen, andere relevante Interessensvertreter
	↓		
Checkliste Hintergrundinformation: Bestimmung des Potenzials eines Regenwasser-Sammelsystems	2. Sammeln von Hintergrundinformation	Hintergrundinformationen sind gesammelt	Auftragnehmer (Planer), andere relevante Interessensvertreter
	↓		
Checkliste Hintergrundinformation: Bestimmung des Potenzials eines Regenwasser-Sammelsystems	3. Bestimmung des Potenzials eines Regenwasser-Sammelsystems + Vorbemessung des Systems FC Vorbemessung	Das Potenzial eines Regenwasser Sammelsystems wurde bestimmt & Das System wurde Vorbemessen	Auftragnehmer (Planer) andere relevante Interessensvertreter
	↓		
Checkliste Regenwasser-Sammelsysteme: wichtige zu berücksichtigende Aspekte	4. Auswahl des umzusetzenden Systems	Die Verwendung eines Regenwasser-Sammelsystems wurde diskutiert, ein System wurde ausgewählt	Auftragnehmer (Planer), andere relevante Interessensvertreter
	↓		
Professionelle Literatur	5. Design		Auftragnehmer (Planer), andere relevante Interessensvertreter
	↓		
Pläne Professionelle Literatur	6. Implementierung		Auftragnehmer (Überwachungsteam, Konstruktionsteam), andere relevante Interessensvertreter
	↓		
Betriebliche Richtlinien	7. Training des verantwortlichen Personals		Auftragnehmer (Überwachungsteam, Betriebs- und Wartungsteams), andere relevante Interessensvertreter
	↓		
Betriebliche Richtlinien	8. Betrieb und Wartung Überwachung und Optimierung		Betriebs- und Wartungsteams, andere relevante Interessensvertreter

Kommentar Die Einsetzung/Entwicklung eines Regenwasser-Sammelsystems wird hier als *eine mögliche Variante* für die Einführung eines Wasserversorgungssystems gesehen. Andere Alternativen der Wasserversorgung sollten nicht ausgeschlossen werden.

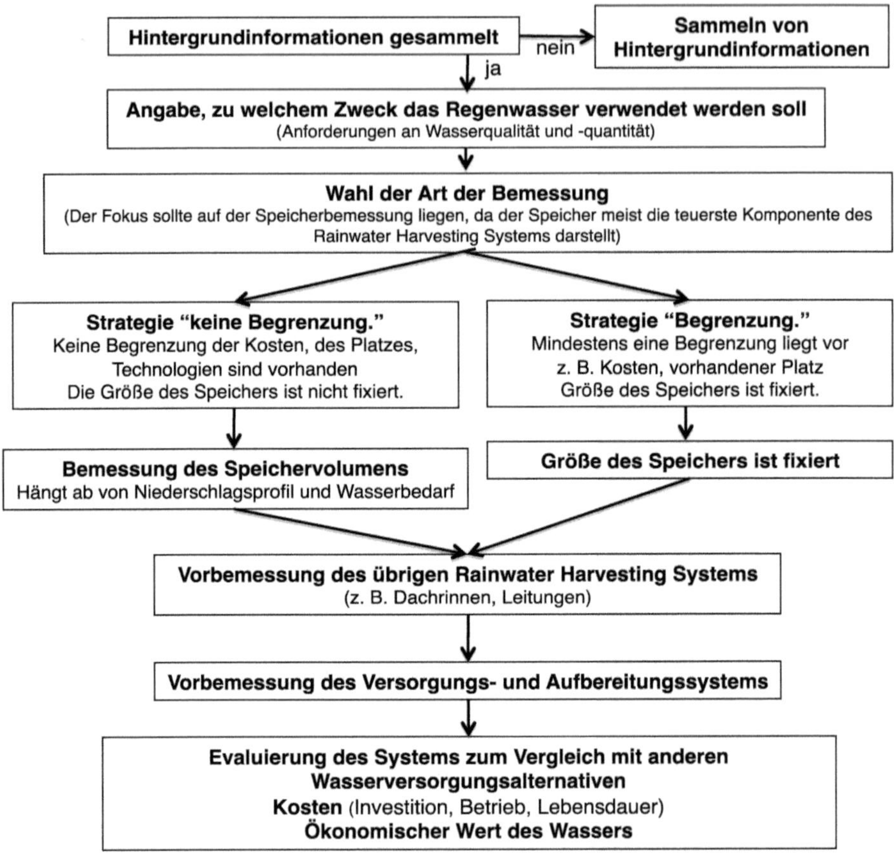

Abb. 7.15 FD Entwicklung eines Regenwasser-Sammelsystems

Checkliste Hintergrundinformation: Bestimmung des Potenzials eines Regenwasser-Sammelsystems

Projekt: ____

Verantwortlich: ______________________________________

	Überprüft?	
Auffangfläche		
Größe der Auffangfläche	ja	400 m^2
Material der Auffangfläche (Abflusskoeffizient).	ja	Dachziegel (0,85)
Niederschlag		
Jährlicher Niederschlag	ja	700 mm
Jährliche Regenwassermenge, die gespeichert werden kann	ja	= (700/1000) * 400 * 0,85 = **238 m^3**
Verteilung des Niederschlags	ja	2 Regenzeiten (Mai–Juli; September–Oktober)
Vorhandene repräsentative Daten	ja	Messungen Vorort (tägliche Messungen 2004 bis 2009)
Wasserbedarf		
Mittlerer täglicher Wasserbedarf	ja	= 20 p * 30 l/p = 0,6 m^3
Jährlicher Wasserbedarf	ja	= 0,6 * 365 = 219 m^3
Schwankungen des Wasserbedarfs (konstant? adaptiv? saisonal variierend?)	ja	konstant
Potenzielle Nutzung von Regenwasser	ja	Toilettenspülung
Potenzial eines Regenwasser-Sammelsystems		
Ist die jährliche Menge speicherbaren Regenwassers höher als der jährliche Wasserbedarf?	ja	238 m^3 > 219 m^3
Deckungsrate	ja	= 238/219 = 108 %

Kommentar:

Checkliste Regenwasser Sammelsysteme: zu berücksichtigende Aspekte

Projekt: ______________________________

Verantwortlich: ______________________________

	JA?	NEIN?
Die zukünftigen Verwendungen des gespeicherten Regenwassers sind definiert (z. B. die einzige Wasserquelle, die Hauptwasserquelle, Wasserquelle während der Regenzeiten, als Trinkwasser verwendet).		
Die Verteilung des Niederschlags über das Jahr ist bekannt.		
Mögliche Alternativen zur Regenwasser-Sammlung wurden identifiziert (andere Alternativen können geeigneter und/oder ökonomischer sein).		
Regenwassernutzung ist eine geeignete Lösung für dieses Projekt.		
Die Speicherung und Verwendung von Regenwasser ist eine von der Gemeinschaft akzeptierte Lösung.		
Regenwassernutzung ist eine ökonomische Lösung.		
Regenwassernutzung ist eine für die Gemeinschaft erschwingliche Lösung.		
Die Gemeinschaft ist bereit, für die Regenwassernutzung zu zahlen.		
Die Gemeinschaft hat die Kapazitäten, um ein Regenwasser-Sammelsystem zu managen (z. B. um kaputte Dachrinnen wieder zu verbinden, First-flush-Systeme zu reparieren, die Filter zu waschen).		
Es ist genug Platz für die Regenwasser-Sammelsysteme vorhanden.		
Die Gemeinschaft hat die Kapazitäten, um selbst ein Regenwasser-Sammelsystem zu bemessen und zu bauen.		
Die Auffangfläche ist groß genug (z. B. Verhältnis: Dachgröße zu Einwohner).		
Es gibt ein Risiko der Verschmutzung, das zu einem Qualitätsverlust des Wassers führt (z. B. Sand, Insekten, verschmutzte Luft, Eintrag von kontaminierenden Stoffen in das Wasser, Moskitozucht, Ablösung von Material).		
Überwachung der Wasserqualität und der Qualität der Anlage (z. B. die Dachrinne ist gut konstruiert).		

Kommentar:

7.6.3 Beispiele von Betriebsrichtlinien

Die nachfolgenden Seiten wurden von den für den Betrieb und die Wartung der Grundwasseraufbereitungsanlage an der VVU geschriebenen Betriebsrichtlinien ausgewählt. Diese Richtlinien (insgesamt 74 Seiten) richten sich speziell an den Betreiber der Anlage und an die Verantwortlichen für das Wassermanagement an der VVU. Das Dokument hat das Ziel, dem Betreiber bei Betrieb und Wartung der Anlage zu helfen. Es enthält außerdem Informationen zur Errichtung der Anlage.

Seite 1: Vorderseite
Seite 2: Inhaltsverzeichnis
Seite 11: Beschreibung der Aufbereitungsanlage
Seite 16: Arbeitsplan für den Betrieb der Filter (1/2)
Seite 17: Arbeitsplan für den Betrieb der Filter (1/2)
Seite 22: Informationen zur Wartung der Anlage
Seite 23: Informationen zur Überwachung der Anlage
Seite 73: Informationen zur Errichtung der Anlage
Seite 55: Bilder, die den Betrieb der Anlage erklären
Seite 65: Gantt-Diagramm, welches die Hauptschritte des Projekts zeigt

7.6.3.1 Instruktionen zu Betrieb und Wartung (Operating and Maintenance Instructions, OMI)

OMI Grundwasseraufbereitungsanlage an der Valley View University

Vorwort Dieses Dokument richtet sich an das für das Wassermanagement verantwortliche Personal der VVU:

- Direktor der Anlage,
- Umweltmanager,
- Wasserinstallateure.

Das Ziel dieses Dokuments ist es, den Lesern

- verständlich zu machen, warum und wie das Grundwasser der VVU aufbereitet wird (Kap. 1 und 2 und Annex 1),
- die für den Betrieb und die Wartung der Grundwasseraufbereitungsanlage notwendigen Informationen zu übermitteln (Abschn. 3.2, Annex 4 und 5),
- Informationen in Bezug auf die Entwicklung der Grundwasseraufbereitungsanlage zu übermitteln. Diese Informationen können wichtig für zukünftige Projekte sein (Abschn. 3.2, Annex 4 und 5).

Im Hinblick auf die Instruktionen zu Betrieb und Wartung, welche den wichtigsten Teil dieses Dokuments darstellen, wurden die Unterschiede des Bildungsstands und in der Arbeitserfahrung des VVU-Personals berücksichtigt. Die Instruktionen werden auf zwei verschiedene Arten gegeben: Zuerst als Text mit Illustrationen (Kap. 3) und dann anhand von Bildfolgen, die den Ablauf der Arbeitsschritte des Betriebs und der Wartung der Filter zeigen (Annex 3).

Groundwater treatment plant at Valley View University

–

Presentation and Operating instructions

Foreword

This document is addressed to VVU staff in charge of water supply management at VVU:

- Physical plant director
- Ecological manager
- Estate officer
- Plumbers
- Groundwater treatment plant operator(s)

The aim of the document is to enable the reader(s) to:

- understand why and how VVU groundwater is treated at VVU (Chapters 1 and 2 as well as Annex 1),
- provide all information necessary to operate and maintain the groundwater treatment plant (Chapter 3 and Annex 3),
- provide information related to the development of the groundwater treatment plant. Such information might be useful for future projects (Chapter 3.2, Annex 4 and 5).

With regard to the operating and maintenance instructions, which is the most important part of this document, the differences of educational backgrounds and working experiences between VVU staff members were considered. The instructions are given in two different ways: first as a text with some illustrations (Chapter 3), later as a sequence of pictures showing what must be done to operate and maintain the filtration units (Annex 3).

Author:

M.Sc. Richard Laurent, BOKU University

28/04/2010

Abb. 7.16 Grundwasseraufbereitungsanlage Instruktionen zu Betrieb und Wartung (Presentation and Operating Instructions): Vorwort

Abb. 7.17 Grundwasseraufbereitungsanlage Instruktionen zu Betrieb und Wartung (Presentation and Operating Instructions): Inhaltsverzeichnis

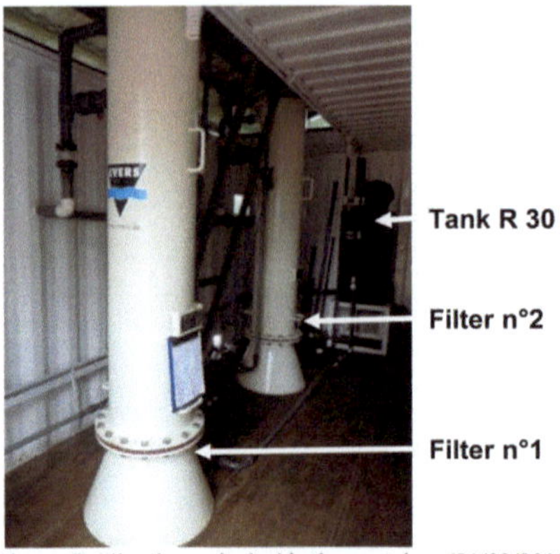

Picture 7: Filtration units inside the container (01/03/2010)

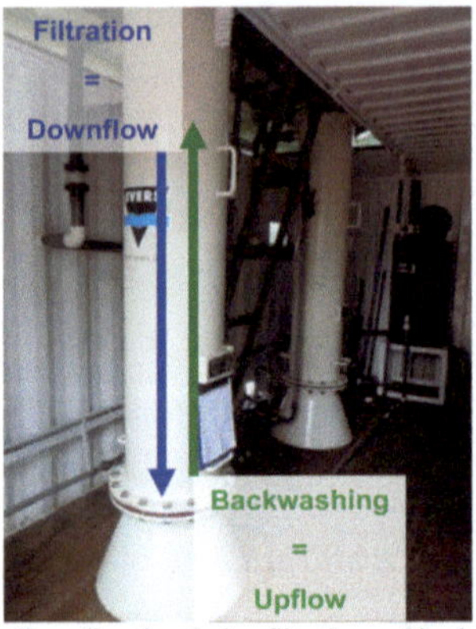

Picture 8: Flow direction during filtration and backwashing

Groundwater treatment at VVU is based on a down-flow filtration, i.e. water flows from the bottom to the top of the filter column. During the backwashing process, the water flows in the opposite direction, i.e. from the bottom to the top of the filtration unit. It is here worth mentioning that the cylindrical part of the filtration unit contains the 1.2 m (3.9") thick layer of filtration material, while its conic basement does contain only filtered water.

A schematic representation of the groundwater treatment plant (top view) is given below.

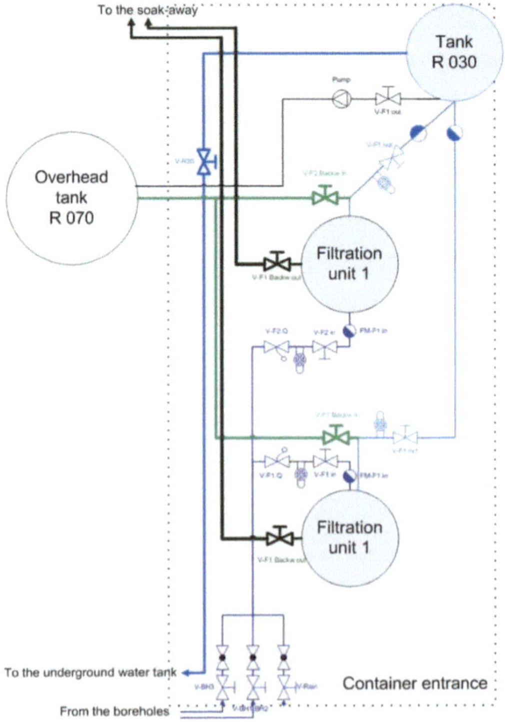

Picture 9: Schematic representation of the groundwater treatment plant (top view)

Abb. 7.18 Grundwasseraufbereitungsanlage Instruktionen zu Betrieb und Wartung (Seite 11)

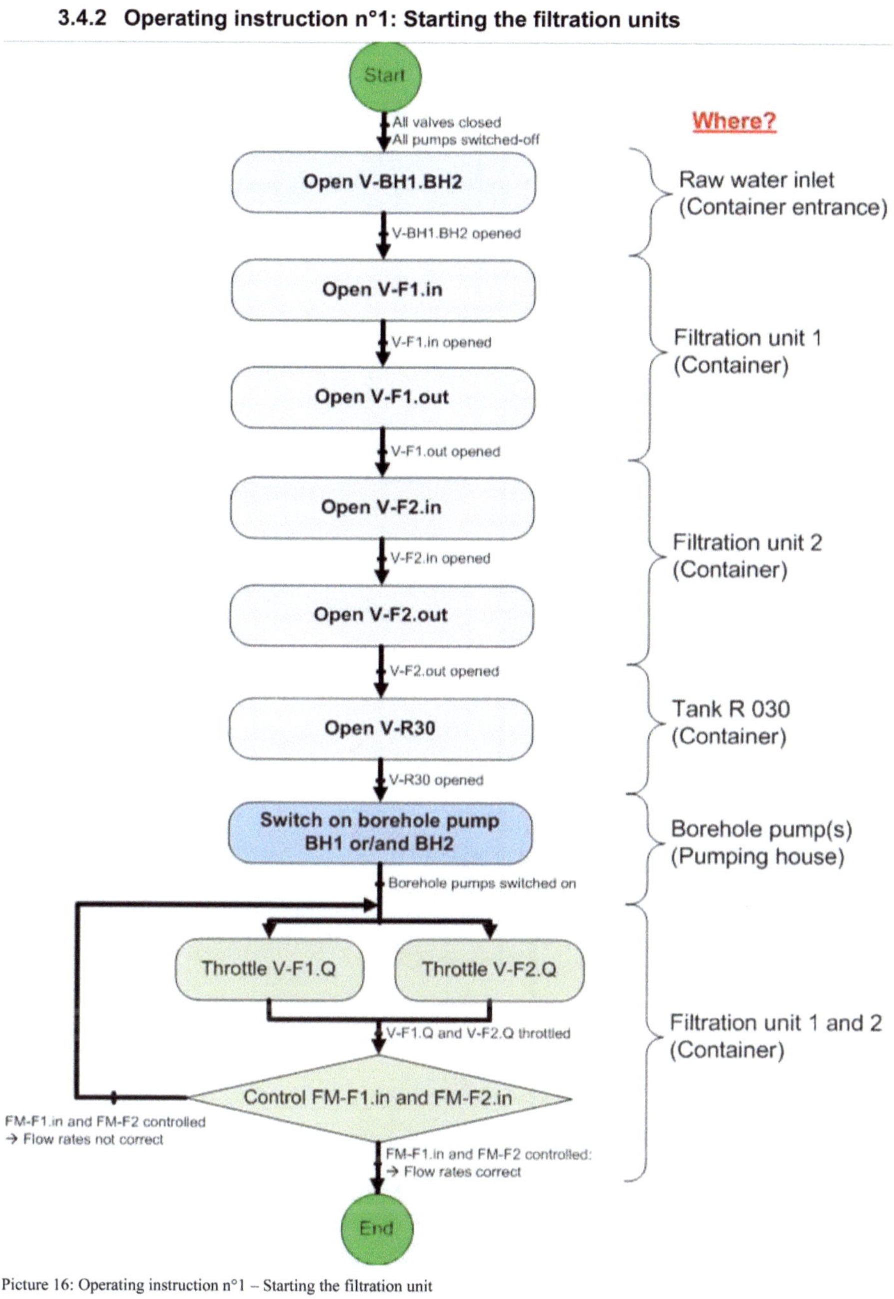

Abb. 7.19 Grundwasseraufbereitungsanlage Instruktionen zu Betrieb und Wartung (Seite 16)

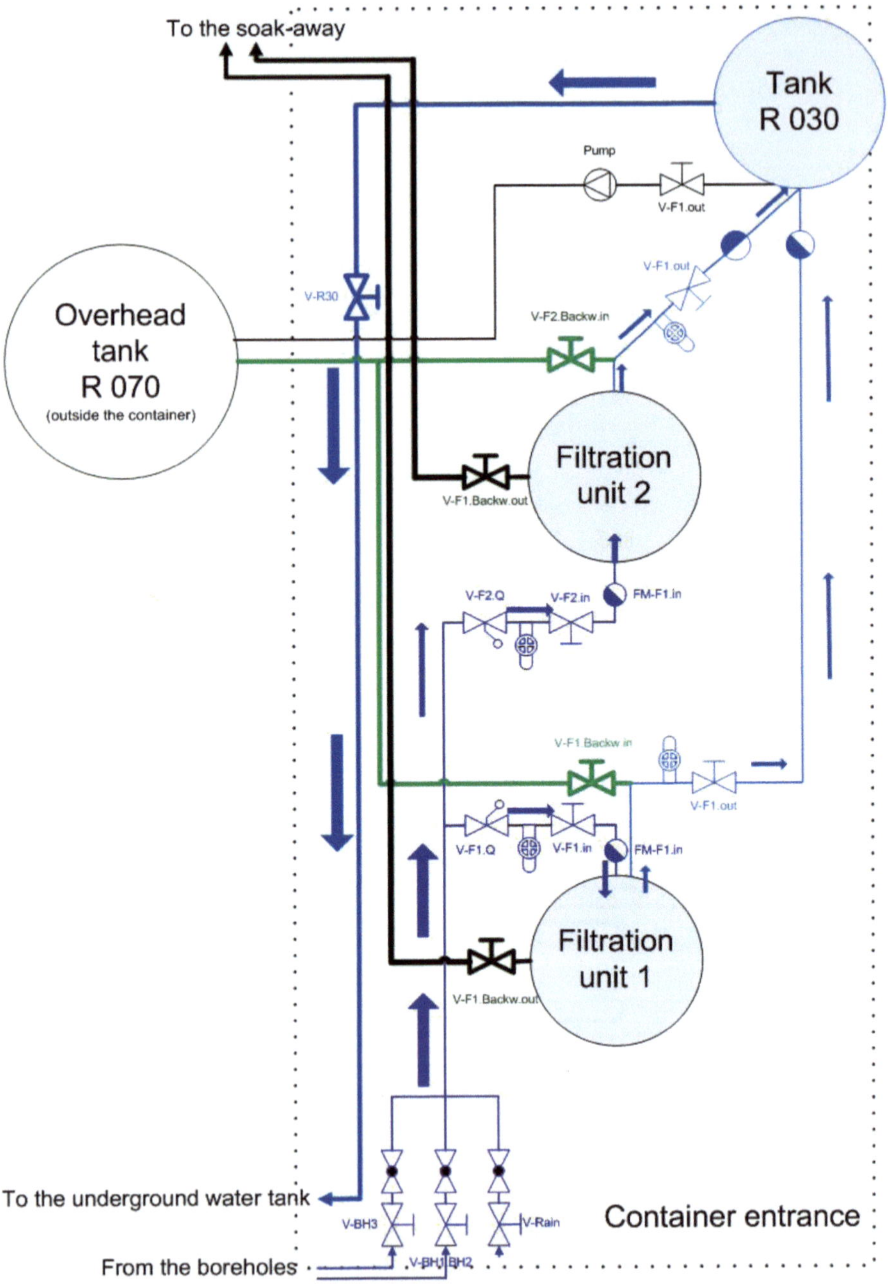

Picture 17: Schematic representation of the treatment plant - flow directions during the filtration process (top view)

Abb. 7.20 Grundwasseraufbereitungsanlage Instruktionen zu Betrieb und Wartung (Seite 17)

3.4.7 Service and maintenance frequency

Table 7 summarizes the service and maintenance operations which need to be carried out for an optimal and long-term operation of the filtration units.

Table 7: Service and maintenance

What should be done	**When**
Backwashing	It depends on the raw water quality and the quantity of water treated. At least once a week.
Visual Inspection of the whole treatment plant	Once a week
Inspection of the injection points for flocculation and disinfection (if used)	Once a year
Replacement of the filter material	Every 6 – 8 years
Replacement of the flange gasket	At the same time as the filter material is being replaced
Cleaning of the whole treatment plant	It depends on the raw water quality and the quantity of water treated. Every 6-24 months

3.5 Trouble shooting

- **Overflow**: if the filtration units are overflowing, then control and compare the inlet flow rates of both filtration units (control flow meters labelled "*FM-F1.in*" and "*FM-F2.in*"). If the filtration flow rates are not equal, then adjust the valves labelled "*V-F1.Q*" and "*V-F2.Q*". If the filtration rates are correct, then the overflowing filtration units should be backwashed.
    - **Note**: For iron reduction, the filtration capacity of each unit is about 700-900 l/h (3500-4000 gallons/hour). The filtration units could be used at a higher flow rate, however, this would enable only to remove turbidity successfully and not iron (see also chapter 2.1, page 4)! Furthermore, the design of the treatment plant does not allow a higher flow rate. To increase the filtration flow rates, the diameter of the outlet pipes of each filtration unit should be increased (1" pipes are currently used).
- **Filtration material washed away during the backwashing process**: if accidentally a large amount of filtration material is washed away during the backwashing process, the lost material might be collected in the soak-away and reused. The only condition for a reuse is that the filtration material should still be clean.
- **No water is flowing**: *) check that the valves are opened (see Operating instructions page 16 to 21), *) check that the boreholes pump are switched on, *) check that the power supply is on.
- **Leakage**: if a leakage is observed (e.g. pipes, tanks), then stop the filtration units and repair the leakage.

Abb. 7.21 Grundwasseraufbereitungsanlage Instruktionen zu Betrieb und Wartung (Seite 22)

3.6 Recording

The operator(s) should record every day data related to the operation of the groundwater treatment plant operation (see Picture 23). These data enable to record: *) the amount of groundwater extracted from the boreholes, *) the amount of water filtered and the backwashing frequency.

		Readings [m3]					Backwash		
Date	Time	Flow meter borehole 1	Flow meter borehole 2	Flow meter borehole 3	Flow meter filtration unit 1	Flow meter filtration unit 2	Backwash filtration unit 1	Backwash filtration unit 2	Comments
28.04.2010	08:00	225	123	30	172	172	No	No	No
29.04.2010	08:00	250	143	30	200	194	Yes	Yes	Some filtration material was washed away

Picture 23: Data to be recorded during the operation of the groundwater treatment plant

3.7 Sampling

Four taps were installed inside the container. These taps enable to collect water samples, which can then be used to evaluate the treatment performance of the filtration unit as well as the groundwater quality. The taps are located before and after the two filtration units.

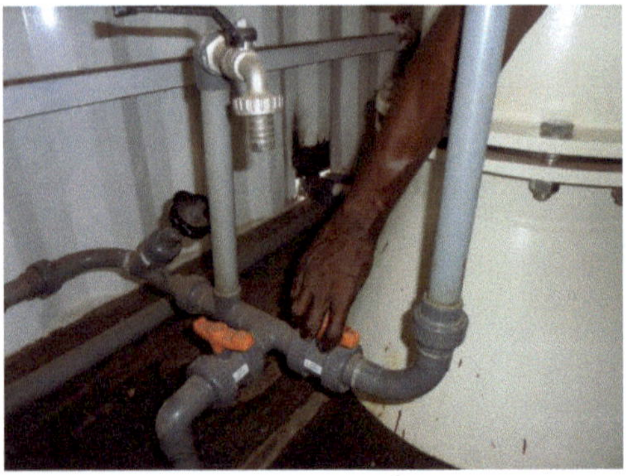

Picture 24: Taps for water sampling

Abb. 7.22 Grundwasseraufbereitungsanlage Instruktionen zu Betrieb und Wartung (Seite 23)

Op. ins. 2-5. Open valve V-F1(or 2).Backw.out

Op. ins. 2-6. Open SLOWLY valve V-F1(or 2).Backw.in

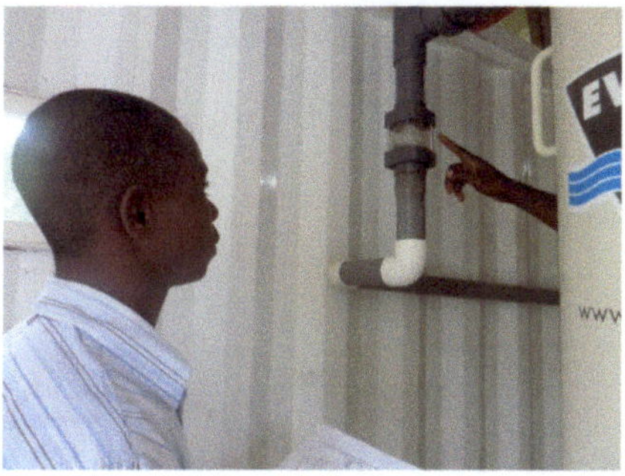

Op. ins. 2-7. Control transparent pipe

Op. ins. 2-8. If black filtration material is observed, reduce V-F1(or 2).Backw.out

Abb. 7.23 Grundwasseraufbereitungsanlage Instruktionen zu Betrieb und Wartung (Seite 55)

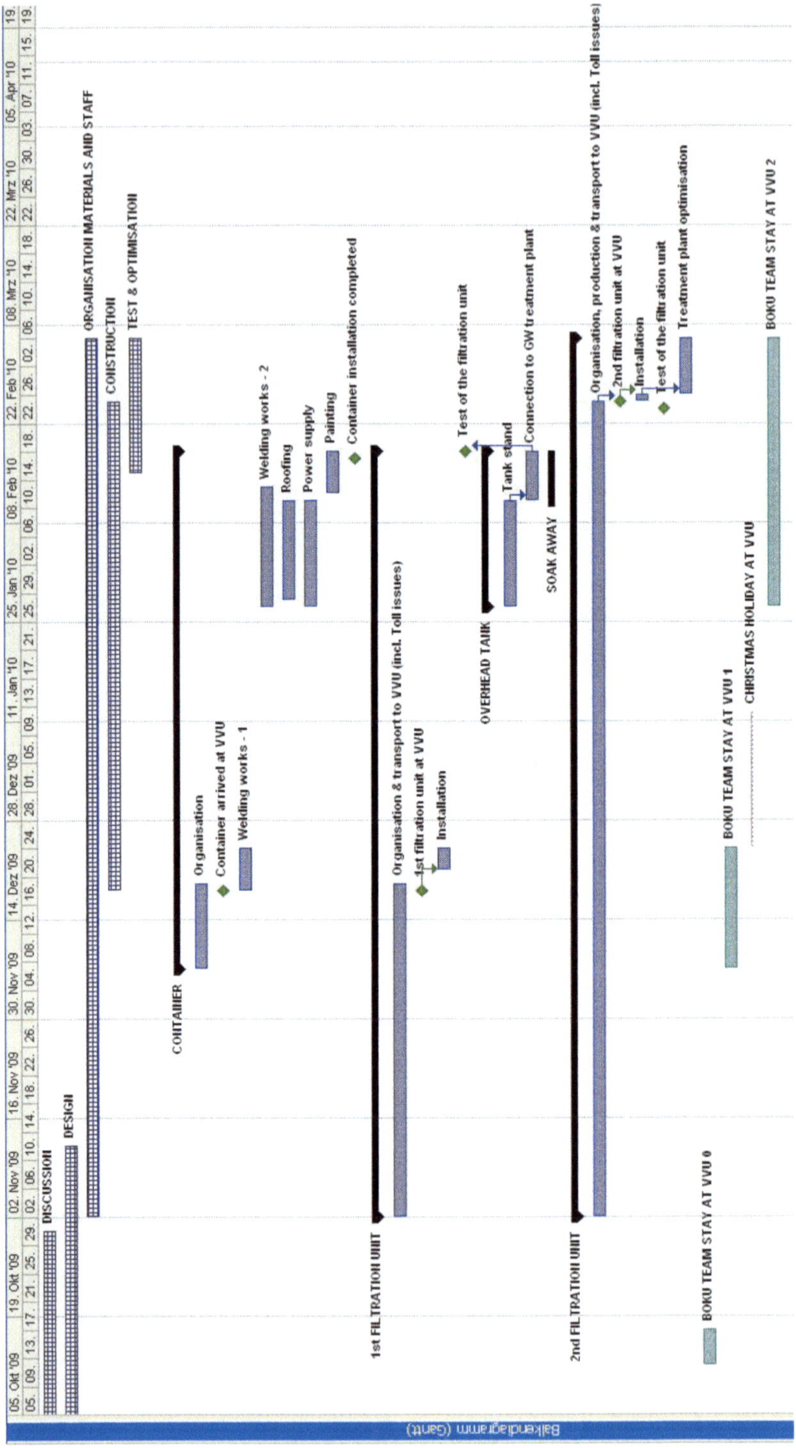

Abb. 7.24 Grundwasseraufbereitungsanlage Instruktionen zu Betrieb und Wartung (Seite 65)

Picture 83: Masons further working the soak-away (11/02/2010)

Picture 84: Carpenter and his team installing the mosquito net (11/02/2010)

Picture 85: Plumber installing the pipes connecting the filtrations units to the overhead tank (11/02/2010)

Picture 86: Plumber connecting the overhead tank (11/02/2010)

Picture 87: Painters starting to paint the container (12/02/2010)

Picture 88: First white coat of paint applied on the outside walls of the container (12/02/2010)

Abb. 7.25 Grundwasseraufbereitungsanlage Instruktionen zu Betrieb und Wartung: Ablauf (Seite 73)

7.7 Werkzeuge zum ökologischen Bauen

Detlef Glücklich

7.7.1 Flussdiagramm und Verfahrensbeschreibung

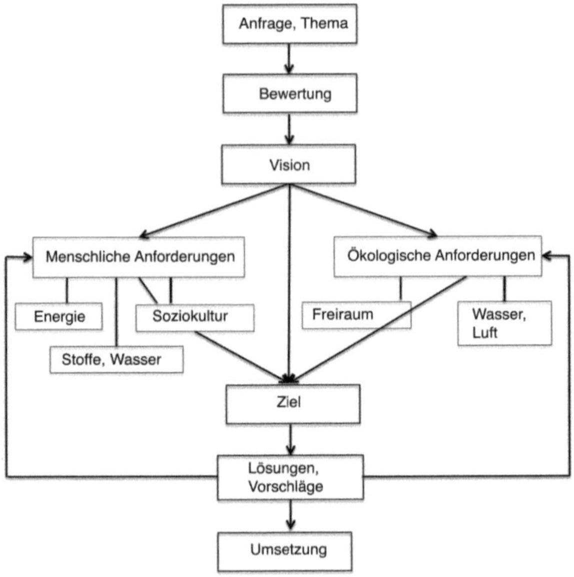

Abb. 7.26 FD Ökologisches Bauen

Poster und Materialien 8

Gunther Geller

8.1 Poster des BMU-Projektes Klimafreundliche VVU (englisch)

Gunther Geller ✉
Ingenieurökologische Vereinigung IÖV, Augsburg, Deutschland
e-mail: info@ioev.de

G. Geller und D. Glücklich (Hrsg.), *Zukunftsfähige Siedlungsökosysteme*,
DOI 10.1007/978-3-642-39706-6_8, © Springer-Verlag Berlin Heidelberg 2014

CLIMATE CHANGE
INITIATIVE PROJECT
2009/2010

Integrative Showcase Baobab Centre for Ecological Studies

Centre of Ecological Studies
Office for Sustainable Design, Buchholz

Vegetation and Green Space
Justus-Liebig-University Gießen

Rainwater Storage
Ecological Engineering Society, Augsburg

Water treatment
University of Natural Resources and Applied Life Sciences, Vienna

Structural Design and Supervision
Broberg Consult Ltd., Accra

Ecological Engineering Society, IÖV
Valley View University, VVU
Financed by
Federal Ministry for the Environment, Nature Conservation and Nuclear Safety

The holistic approach of the Baobab Centre combines various conceptual fields such as architecture, energy, water, green space and thus allows the building to perform in a climate friendly way.

Rainwater storage under paved footpath

Installation of photovoltaic panels on roof structure

Landscaping Plan, Scale 1:500

Water targets

- Minimized water consumption
- Closed water loops, recycling and harvesting of waste water
- Water quality management

Water methods

- Rainwater harvesting from roofs and collected in underground storage beneath a paved footpath
- Rain water re-use in the Baobab Centre for sanitary facilities and for further use on campus
- Water saving appliances in the Baobab Centre and Sanitary block such as press taps and 3l flush toilets
- Treatment of waste water with 3 chamber septic tank and sandfilter
- Re-use of treated waste water for irrigation in green space
- Filtering of water and further use as drinking water

Energy targets

- Minimized power consumption
- Generation of power
- Comfortable microclimate

Energy methods

Passive:
- Orientation to wind and sun
- Natural ventilation through formblocks, louver windows and corridors
- Shading verandah and roof overhang
- Bright surfaces for daylight reflection and low heat absorption
- Vegetation in open space cooling air through transpiration

Active:
- Photovoltaic generating power (approx. 15000kWh/a) for local use
- Overproduction is fed into the national power grid

The Baobab Centre produces more power than it needs for consumption. Therefore it can be called "climate-neutral".

Green space targets

- Improvement of microclimate
- Educational purpose

Green space methods

Microclimate:
- Focal point of the design: the large remnant Baobab tree
- Generous areas of green space and a large number of smaller trees around the building provide a pleasant microclimate. The students will sit, study and discuss underneath the shading and cooling trees

Education:
- Mainly indigenous species were planted. Most of them are medicinal plants or have other traditional uses
- The plantings can thus serve as living study material in ecology courses to raise awareness for local natural resources and biodiversity issues
- The Baobab Centre is surrounded by native plants also symbolizes the entire VVU campus, which is surrounded by precious remnant areas of native savannah bushland (in the remote part of the property)
- The green space is thus also a reminder to preserve this natural heritage at VVU

Abb. 8.1 Poster „Integrative Showcase Baobab Centre at Valley View University“

Abb. 8.2 Poster „Baobab Center for Ecological Studies at Valley View University“

Abb. 8.3 Poster „Tree Planting at Valley View University“

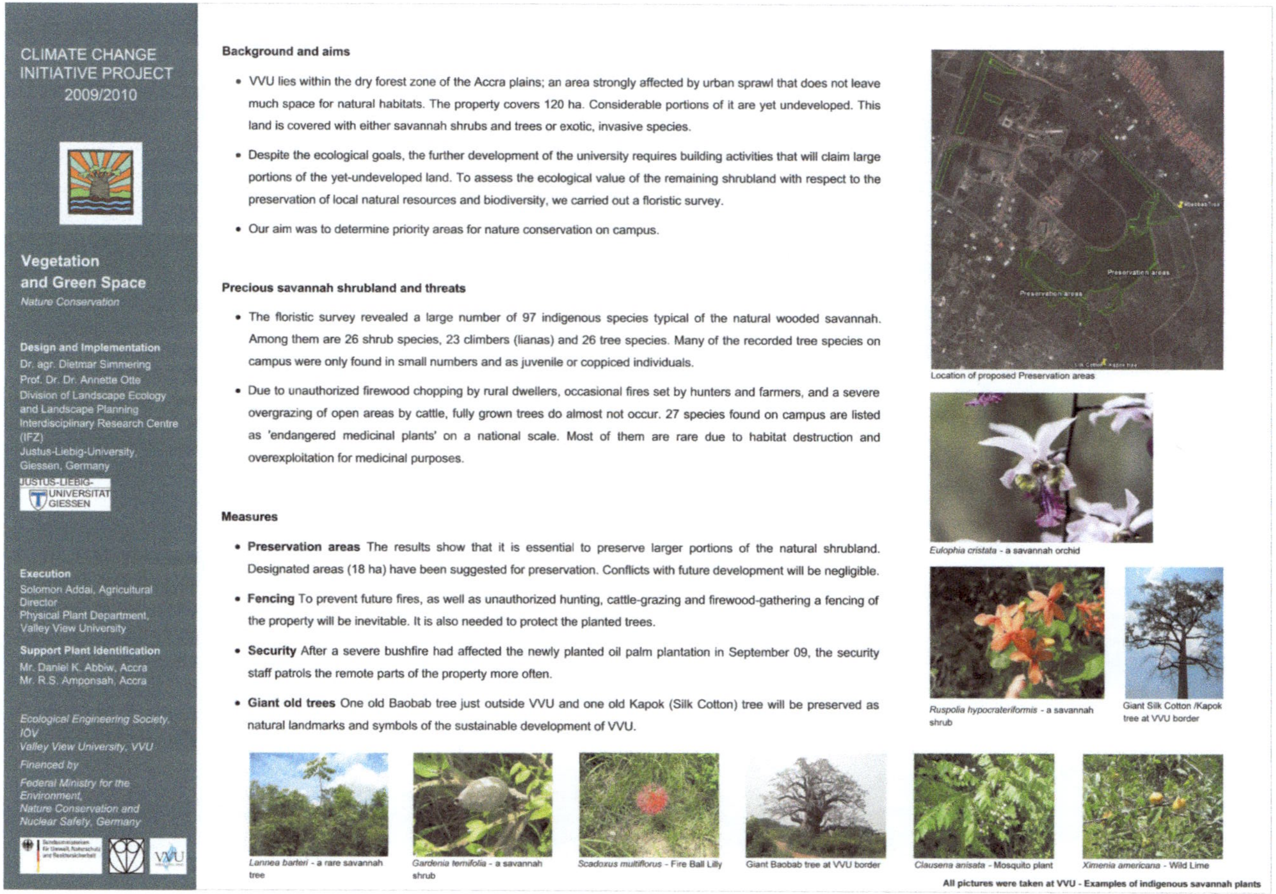

Abb. 8.4 Poster „Nature Conservation at Valley View University“

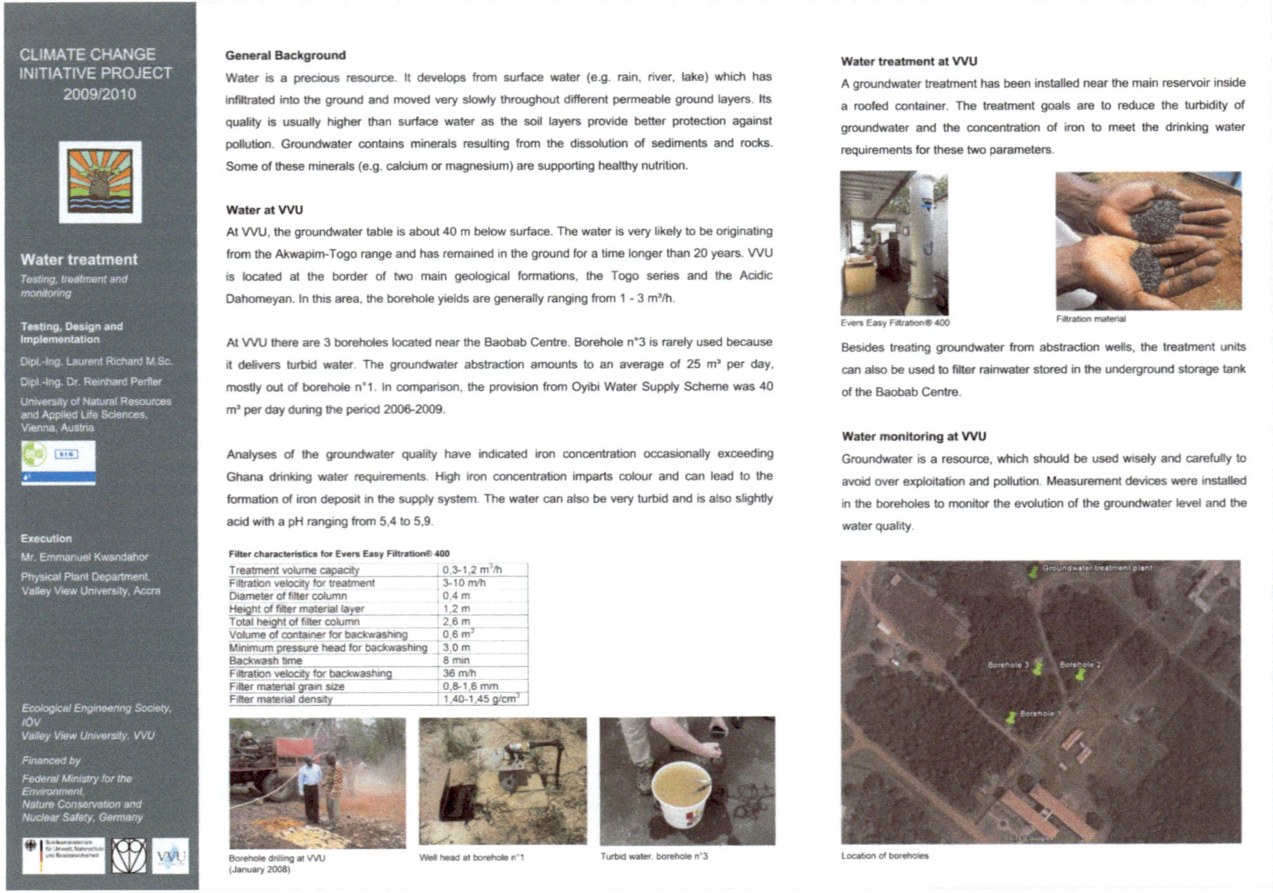

Abb. 8.5 Poster „Water Treatment at Valley View University"

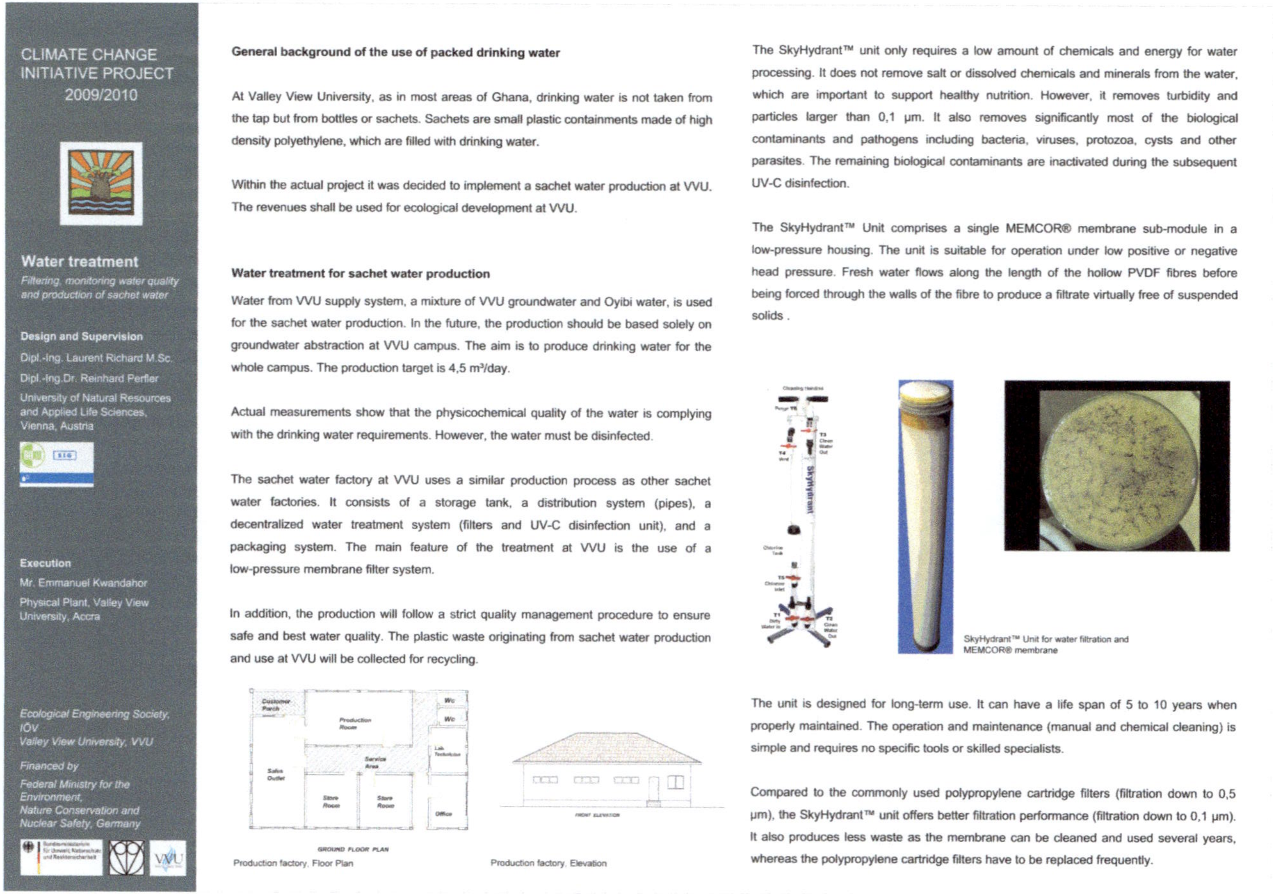

Abb. 8.6 Poster „Sachet Water Production at Valley View University“

Abb. 8.7 Poster „Rainwater Storage underground roads at Valley View University“

8.2 EU-ECOCITY-Projekt: Materialien (englisch)

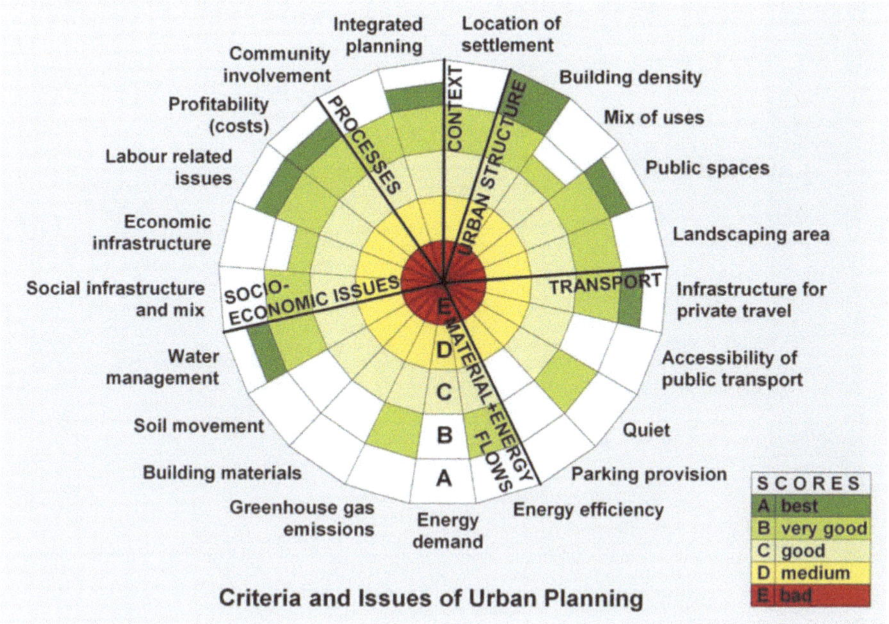

Abb. 8.8 ECOCITY Evaluation Scheme: Criteria and indicators (Gaffron et al. 2008, S. 71)

	CRITERIA	INDICATORS
CON-TEXT	location of settlement	basic urban supply infrastructure — *potential, attractiveness and accessibility of means for satisfying basic needs* coping with land demand — *ratio of brownfield, inner city and greenfield development areas per total planning area*
URBAN STRUCTURE	building density	area density - floor area per land area
	mix of uses	share of mixed-use areas – *share of gross floor area with a mix of residential and non-residential use* accessibility of basic facilities – *proximity to groceries; kindergarten; primary school; pubs*
	public spaces *size and quality*	conviviality index - *quantity of public spaces with potential for conviviality* public space quality - *liveability (active frontages + diversity of uses), accessibility, legibility, safety, connectivity, urban comfort*
	landscaping area *accessibility and surface quality*	accessibility of green areas – *share of inhabitants living near public green areas* eco-quality of outdoor areas – e.g. *artificial cover, cut / uncut grass, trees, permanent / temporary water bodies, roof and facade planting*
TRANSPORT	infrastructure for private travel	application of transport concepts for the *reduction of car traffic* length of road network *per workday population* length of cycle network *per workday population*
	accessibility of public transport	public transport coverage - *percentage of floor area within a radius of 300 m or 150 m of public transport stops*
	quiet *noise from routes of transport*	daytime traffic noise exposure night time traffic noise exposure *share of inhabitants exposed to noise above limits*
	parking provision	accessibility of public transport vs. private car
ENERGY FLOWS	energy demand	annual energy demand – *for heating, cooling and other purposes* *peak power demand per floor area*
	energy efficiency	compactness of the structure ratio of solar oriented buildings thermal insulation level
	greenhouse gas emissions	share of renewable energy sources global warming potential per MWh - *CO_2-equivalent of non-renewable energy production*
MATERIAL FLOWS	building materials	reduction of the demand for building materials use of renewable, recycled and/or locally-sourced building materials
	soil movement	share of soil re-used on site
	water management	concepts for water management – *measures to minimise primary water consumption*
SOCIO-ECONOMIC ISSUES	social infrastructure and mix	index of social infrastructure – *availability/existence of social institutions; measures for social diversity and integration*
	economic infrastructure	index of economic infrastructure – *quality of local economic development plan*
	labour related issues	index of labour related issues – *availability and diversity of jobs, (correspondence to social mix and the economic context)*
	profitability	index of profitability – *cost/return ratio*
PRO-CESSES	integrated planning	multidisciplinary planning team - *disciplines and institutions integrated* iterative process – *number of optimisation loops* planning with scenarios – *number and content of scenarios*
	community involvement	index of community involvement – *quality of the participation process*

Abb. 8.9 Evaluation Compass: Criteria and Issues of Ecocity planning (Gaffron et al. 2008, S. 73)

Literatur

Abbiw, D. K. 1990. The useful plants of Ghana. – Royal Botanic Gardens, Kew, Richmond, Surrey.

Abbiw, D. K. no year. Endangered medicinal plants in the middle and southern sector of Ghana. – Traditional and Alternative Medicine Directorate, Ministry of Health, P. O. Box MB-44, Accra.

African Development Bank/Organisation for Economic Co-operation and Development (AfDB/OECD), 2007. African Economic Outlook 2007, http://www.oecd.org/dataoecd/26/51/38562673.pdf

Awadzi, T., Bredwa-Mensah, Y., Breuning-Madsen, H., Boateng, E., A. 2001. Scientific evaluation of the agricultural experiments at Frederiksgave, the Royal Danish Plantation on the Gold Coast, Ghana. Danish Journal of Geography 2001, 101: 33–40.

Baldwin, Chr. 1998. Calling the Circle. The First and Future Culture. Bantam Books, New York: 245.

Baker, H. G. 1962. The ecological study of vegetation in Ghana. In Agriculture and Land Use in Ghana, Wills, J. B. P., Ed. Oxford University Press: London, Accra, New York: 151–159.

Bianchi, F. J. J. A. Booij, C. J. H., Tscharntke, T. 2006. Sustainable pest regulation in agricultural landscapes: a review on landscape composition, biodiversity and natural pest control. Proceedings of the Royal Society B: Biological Sciences: 273 (1595): 1715–1727.

Brammer, H., 1962. Soils: In Agriculture and Land Use in Ghana, Wills, J. B. P., Ed. Oxford University Press: London, Accra, New York; 160–169.

Braungart, M., McDonough, W. 2003. Cradle to cradle. Remaking the way we make things. North Point Press, New York: 193.

Braungart, M., McDonough, W. 2003. Einfach intelligent produzieren. Berliner Taschenbuch Verlag, Berlin: 236.

Brown, J., Isaacs, D. 2005. The World Café. Shaping Our Futures Through Conversations That Matter. Berret-Koehler, San Francisco: 242.

Bueren van, E., Bohemen van, H., Itard, L., Visscher, H. 2012. Sustainable Urban Environments. An Ecosystem Approach. Springer, Dordrecht: 429.

Cockerill, K. & Carp, J. 2009. Leveraging opportunities for campus sustainability: a case study of water resources. Sustainability: Science, Practice & Policy. 5 (2): 28–37.

Costa, C. S., Allan, G., Kasperidus, H., Suklje-Erjavec, I., Mathey, J. 2008. Greenkeys@Your City. A guide for urban green quality. IOER Leibniz Institute of Ecological and Regional Development, Dresden. Korotan, Ljubljana: 105.

G. Geller und D. Glücklich (Hrsg.), *Zukunftsfähige Siedlungsökosysteme*,
DOI 10.1007/978-3-642-39706-6,

Engel, A., Korf, B. 2005. Negotiation and mediation techniques for natural resource management. – FAO. http://www.fao.org/docrep/008/a0032e/a0032e00.htm

Fuchs, O., Schleifnecker, Th. 2001. Handbuch ökologische Siedlungsentwicklung. Konzepte zur Realisierung zukunftsfähiger Bauweisen. Erich Schmidt, Berlin: 300.

Gaffron, P., Huismans, G., Skala, F. 2005. Ecocity Book I. A better place to live. Facultas Verlags- und Buchhandels AG, Vienna: 108.

Gaffron, P., Huismans, G., Skala, F. 2008. Ecocity Book II. How to make it Happen. Facultas Verlags- und Buchhandels AG, Vienna: 84.

Gagel, D. 1995. Action Research and Small Enterprise Promotion. Methods of participatory project planning and implementation in development cooperation. GTZ, Eschborn: 237.

Gairola, S., Noresah, M. S. 2010. Emerging trend of urban green space research and the implications for safeguarding biodiversity: a viewpoint. Nature and Science 2010, 8 (7): 43–49.

Geller, G., Berger, W., Fries, N., Germer, J., Glücklich, D., Höner, G., Laryea, S., Sauerborn, J., 2006. Ecological Development of Settlements – the case study Valley View University, Accra, Ghana. Research & Development in Sub-Sharan Africa, 12: 2–5.

Geller, G., 2006. Ökologische Kreislaufwirtschaft beim Ausbau des Campus der Valley View University in Accra, Ghana. 1. Aachener Kongress Dezentrale Infrastruktur am 17. und 18. Oktober 2006. Gewässerschutz, Wasser, Abwasser 204: 23/1–23/10.

Girardet, H. 2008. Creating Sustainable Cities. Green Books, Foxhole, Dartington for The Schumacher Society Foxhole, Dartington: 77.

Glücklich, D. (Hrsg.) 2004. Ökologisches Bauen. Von Grundlagen zu Gesamtkonzepten. DVA, München: 246.

Glücklich, D. (Hrsg.) 2002. New Old Ecology? Ökologisches Bauen – Bilanz und Perspektiven. Universitätsverlag Weimar, Weimar: 190.

Glücklich, D. (Hrsg.) 2010. Werkstattkoffer Ökologisches Bauen.

Glücklich, D. (Hrsg.) 2010. Master-Fernstudiengang Architektur und Umwelt. Hochschule Wismar, WINGS. Studienbegleitende Unterlagen.

Grebe (Hrsg.) 1977. Vorentwurf zum Landschaftsplan Köln als Beitrag zum Flächennutzungsplan. Planungsbüro Grebe, Nürnberg: 142.

Grebe, R., Tomasek, W., 1980. Gemeinde und Landschaft. Landschaftsplanung, Freiraumplanung und Naturschutz in der Gemeinde. 2. Auflage. Kohlhammer, Köln: 250.

GreenKeys Project Team 2008: Greenkeys@Your City. A Guide for Urban Green Quality. IOER Leibniz Institute of Ecological and Regional Development. Dresden: 105, CD included.

Grenier, Louise 1998. Working with Indigenous Knowledge. A Guide for Researchers. International Development Research Centre, Ottawa: 115.

Gyekye, K. 1996. African Cultural Values. An Introduction. Sankofa Publishing Company. Accra: 194.

Hall, J. B., Swaine, M. D. 1981. Distribution and ecology of vascular plants in a tropical rain forest. – Forest vegetation in Ghana. Dr. W. Junk Publishers: The Hague, 1981; Vol. 1: 383.

Harum, F., Moestrup, S. 2010. Manual – Tree Nursery Establishment for Small Holder Farmers. University of Copenhagen, Burung Indonesia, Dansk Ornitologisk Forening. Forest & Landscape Denmark: 16. http://en.sl.life.ku.dk/Forskning/DevelopmentEnvironment/Publications.aspx

House, S. J., Reed, R. A. 1997. Emergency Water Sources: Guidelines for selection and treatment. Water Engineering and Development Centre (WEDC). Loughborough. http://www.who.or.id/eng/contents/aceh/wsh/books/ews/ews.htm

IAIA, B. S. 2005. Biodiversity in Impact Assessment. IAIA Special Publications Series 3. – IAIA: 1–4. http://www.iaia.org/ publicdocuments/special-publications/SP3.pdf

IAIA, B. S. 2010. Biodiversity – Key Citations Series. – International Association of Impact Assessment. http://www.iaia.org/publicdocuments/Activity_Resources/Key_Citations/Key%20Citations_Biodiversity%2010%20Feb.pdf

Ingenieurökologische Vereinigung IÖV (Ed) 2010. Ecological Cycle Management at Valley View University in Accra, Ghana. Final Report of the BMBF-Research Project 02WD 0472–76. Augsburg: 110+Appendix.

Institut für Leichte Flächentragwerke (IL) 1975: Anpassungsfähiges Bauen. Adaptable Architecture. Mitteilungen des Instituts für leichte Flächentragwerke der Universität Stuttgart. Heinrich Fink, Stuttgart: 335.

IRC 2002. Small Community Water Supplies: Technology, people and partnership (Technical Paper no 40). http://www.irc.nl/page/1917

Kellogg, S., Pettigrew, S. 2008. Toolbox for Sustainable City Living. A Do-It-Ourselves Guide. South End Press. Cambridge, MA: 242.

Knoll, M., Kreibich, R. 1997: „Sustainable City" Zukunftsfähige Städte. Beltz, Weinheim: 210.

Krusche P. und M., Althaus, D., Gabriel, I. 1982. Ökologisches Bauen. Bauverlag Wiesbaden, Berlin: 360.

Lane, D. A. 1962. The forest vegetation. In Agriculture and Land Use in Ghana, Wills, J. B. P., Ed. Oxford University Press: London, Accra, New York: 160–169.

Longman, KA. 1993. Tropical trees: propagation and planting manuals. Volume 1: Rooting cuttings of tropical trees. Commonwealth Science Council, London, UK. http://www.fao.org/DOCREP/006/AD231E/AD231E00.HTM

Longman, KA. 1995. Tropical trees: propagation and planting manuals. Volume 4: Preparing to plant tropical trees. Commonwealth Science Council, London, UK. http://www.fao.org/DOCREP/006/AD229E/AD229E00.HTM

Longman, KA. 1998. Tropical trees: propagation and planting manuals. Volume 3: Growing good tropical trees for planting. Commonwealth Science Council, London, UK. http://www.fao.org/DOCREP/006/AD228E/AD228E00.HTM

Longman, KA. 2003. Tropical trees: propagation and planting manuals. Volume 2: Raising seedlings of tropical trees. Commonwealth Science Council, London, UK. http://www.fao.org/DOCREP/006/AD230E/AD230E00.HTM

Lovell, S. T.; Johnston, D. M. 2009. Creating multifunctional landscapes: how can the field of ecology inform the design of the landscape? Frontiers in Ecology and the Environment 2009, 7 (4): 212–220.

Ludema, J., Whitney, D., Mohr, B., Griffin, Th. 2003. The Appreciative Inquiry Summit. A Practioner's Guide for Leading Large Group Change. Berret-Koehler, San Francisco: 310.

Lyle, J. 1999. Design for Human Ecosystems: Landscape, Land Use, and Natural Resources. Island Press: 288.

Kramer, R. 2007. Leading Change Through Action Learning. The Public Manager, 36 (3): 38–44.

Krämer 2007. Ecological development of the Valley View University, Accra, Ghana. Diploma thesis, Rheinmain University of Applied Sciences

Macy, J. 1991. Mutual Causality in Buddhism and General Systems Theory. The Dharma of Natural Systems. State University of New York Press, New York: 236.

Macy, J., Brown, M.Y. 2003. Coming Back to Life: Practices to Reconnect Our Lives, Our World. Jungfermann, Paderborn Island: 220

Macy, J., Brown, M. Y. 1999. Die Reise ins lebendige Leben. Strategien zum Aufbau einer zukunftsfähigen Welt. Ein Handbuch. New Society Publishers, Gabriola Island: 259.

Marzluff, J., Shulenberger, E., Endlicher, W., Alberti, M., Bradley, G., Ryan, C., ZumBrunnen, C., Simon, U. 2008. Urban Ecology – An International Perspective on the Interaction Between Humans and Nature. Springer: New York: 808.

Münch E. v.; Schöpe A.; Rüd S. 2009. Ecosan – Recycling oriented wastewater management and sanitation systems. GTZ. http://www.gtz.de/de/dokumente/en-ecosan-topicsheet-2009.pdf

Owusua, G. 2010. Social effects of poor sanitation and waste management on poor urban communities: a neighborhood-specific study of Sabon Zongo, Accra – Journal of Urbanism: International Research on Placemaking and Urban Sustainability 3: 145–160.

Palutec, 2008. Ökologische Kreislaufwirtschaft an der Valley View University Accra (Ghana) – Teilprojekt 4 – Abschlussbericht der Palutec GmbH (BMBF Verbundvorhaben, Förderkennzeichen 02WD0475).

Perfecto, I., Vandermeer, J., Wright, A. 2009. Nature's Matrix – Linking Agriculture, Conservation and Food Sovereignty. Earthscan: London: 242.

Reason, P., Bradbury, H. 2005. Handbook of Action Research, 2nd Edition. Sage Pubn Inc, London: 362.

Register, R. 2006. Ecocities. Rebuilding Cities in Balance with Nature. New Society Publishers, Gabriola Island, BC, Canada: 375.

Ripl, W. 2003. Water – the bloodstream of the biosphere. In: Falkenmark, M. & Folke, C.: Freshwater and welfare fragility – syndromes, vulnerability and challenges. Freshwater Special Issue. Phil. Trans. R. Soc. London. B 358: 1921–1934.

Roseland, M. 2006. Towards Sustainable Communities. Resources for citizens and their governments. New Society Publishers, Gabriola Island BC, Canada and Stony Creek CT, USA.

Scharmer, C. O. 2007. U-Theory. Leading from the Future as it Emerges. The Social Technology of Presencing. SoL, Cambridge MA: 533.

Sharp, L. 2009. Higher Education: the quest for the sustainable campus. Sustainability: Science, Practice & Policy. 5 (1): 1–8.

Speer, A. und Partner 2009. Ein Manifest für nachhaltige Stadtplanung. Prestel, München: 219.

Stepp, J. R., Jones, E. C., Pavao-Zuckerman, M., Casagrande, D., Zarger, R. K. 2003. Remarkable Properties of Human Ecosystems. Conservation Ecology 7 (3): 11 (online).

Sukopp, H., Wittig, R. (Hrsg.) 1993. Stadtökologie. Gustav Fischer Verlag, Stuttgart: 402.

Thomas T. H., Martinson D. B. 2007. Roofwater Harvesting: A Handbook for Practitioners. Delft, The Netherlands, IRC International Water and Sanitation Centre (Technical Paper Series; no. 49). 160p. http://www.irc.nl/page/37471

Tilley E. et al. 2008. Compendium of Sanitation Systems and Technologies. Swiss Federal Institute of Aquatic Science and Technology (Eawag). Dübendorf, Switzerland. http://www.eawag.ch/forschung/sandec/publikationen/compendium_e/index_EN

Tomásek, W. 1979. Die Stadt als Ökosystem. Überlegungen zum Vorentwurf Landschaftsplan Köln – Landschaft+Stadt. 11: 51–60.

UNEP 2002. Rainwater Harvesting And Utilisation: An Environmentally Sound Approach for Sustainable Urban Water Management: An Introductory Guide for Decision-Makers, http://www.unep.or.jp/Ietc/Publications/Urban/ UrbanEnv-2/index.asp

UNICEF 2008. UNICEF Handbook on Water Quality. http://www.unicef.org/wash/files/WQ_Handbook_final_signed_16_April_2008.pdf

United Nations, Department of Economic and Social Affairs, Population Division 2008. World Urbanization Prospects: The 2007 Revision.

Upton, D. 2008. Tropical trees: propagation and planting manuals. Volume 5: Planting and Establishment of Tropical Trees. Commonwealth Science Council, London, UK: 142.

Werner C.; Otterpohl R.; Jönsson H. 2004. 10 Recommendations for action from the Lübeck symposium on ecological sanitation, „Ecosan – closing the loop“ – Proceedings of the 2nd International Symposium on ecological sanitation, 07–11 April 2003, Lübeck, Germany. http://www2.gtz.de/dokumente/bib/04-5004a.pdf

Whitney, D., Trosten-Bloom, A. 2003. The Power of Appreciative Inquiry: A Practice Guide to Positive Change. Berret-Koehler Publishers, San Francisco: 266.

WHO/UNICEF Joint Monitoring Program on Water Supply and Sanitation 2010. A snapshop of Drinking-water and Sanitation in the MDG region sub-Saharan Africa – 2010 Update. http://www.wssinfo.org/fileadmin/user_upload/resources/1284625893-Africa_snapshot_2010.pdf

Yankson, P. W. K. & Gough, K. V. 1999. The environmental impact of rapid urbanization in the peri-urban area of Accra, Ghana. – Danish Journal of Geography 99: 89–100.

Yeboah, I. E. A. 2000. Structural Adjustment and Emerging Urban Form in Accra, Ghana. – Africa Today 47: 61–89.

Sachverzeichnis

MIX
Papier aus verantwortungsvollen Quellen
Paper from responsible sources
FSC® C105338

If you have any concerns about our products,
you can contact us on
ProductSafety@springernature.com

In case Publisher is established outside the EU,
the EU authorized representative is:
Springer Nature Customer Service Center GmbH
Europaplatz 3, 69115 Heidelberg, Germany

Printed by Libri Plureos GmbH
in Hamburg, Germany